開発・設計に必要な
統計的品質管理

トヨタグループの実践事例を中心に

(一社)日本品質管理学会中部支部　産学連携研究会 編

日本規格協会

まえがき

　本書では，製造業の開発・設計段階に焦点を当て，主にトヨタグループの事例に基づいて統計的品質管理の実践方法について解説する．本書は"A：仕事の考え方・進め方編""B：手法編""C：推進（仕組み・体制）編"の3編から構成されている．Aでは，自工程完結のための対応について述べる．理解を更に深めるためには前著『開発・設計における"Qの確保"―より高いモノづくり品質をめざして―』[（社）日本品質管理学会中部支部産学連携研究会編，日本規格協会]を参照していただきたい．Bでは，定番の教科書にはあまり記載されていない統計的方法やその考え方，そして，比較的新しい手法について解説する．Cでは，統計的品質管理をどのように教育し，改善活動につなげていくかという推進方法について述べる．

　本書は，ここ数年間にわたり，日本品質管理学会中部支部産学連携研究会で議論してきた内容をまとめたものである．

　本研究会の活動は2006年に始まった．当時の日本品質管理学会会長だった桜井正光氏[現在，（株）リコー特別顧問]のもと，学会の中長期計画のスローガンとして"Qの確保""Qの展開""Qの創造"の3本柱が打ち出された[Qとは品質（quality）のことである]．これらの3本柱を具体的に推進していくためには，産学連携活動を深めていかなければならないという議論が行われた．

　品質管理の分野では，昔から産学連携活動は盛んに行われ，成果を上げてきた．デミング賞を受賞した企業などが品質管理の新しい仕組みを構築・提案し，それらが産学連携で研究され，洗練化され，普及していった．しかし，昨今では，オープンな場で品質管理に関する事例を議論することが難しくなってきた．特に，未然防止や再発防止に関連する事項には，その企業が痛い思いをした不本意な事例が含まれていることが多く，それを開示することには抵抗があるからであろう．一方で，研究を深めるためには，成功事例だけでなく，失敗事例

との対比も必要である．そこで，参加企業を1社ないしは1グループ会社に限定してクローズドな形で産学連携研究会を組織し，突っ込んだ議論を重ねることにより，オープンにできる一般的な研究成果を出すことができるのではないかと考え，パイロット的に実施することになった．本研究会はそのような経緯で誕生し，10年近く活動を続けてきた．

トヨタグループは，かねてより，常に危機意識を持ち，品質管理活動を徹底的に推し進めるためにシステムを構築・整備し，教育活動・実践活動を展開している．その中で，新たに産学連携研究会を立ち上げるためにメンバーが活動方向を模索した結果，新しいQの確保活動の整備・拡大・利用促進を研究対象とすることにした．その中で課題の整理を行い，Qの確保のために取り組むべき領域として，プロセス管理の軸と問題解決の軸を設定した．前者の観点から"プロセスリンク管理"と"自工程完結"のためのマネジメント手法の構築，後者の観点から"統計的品質管理と品質工学の融合"による問題解決ストーリーの構築に焦点を当てることにした．どちらも，研究会設立の少し前から，トヨタグループが力を入れ出した活動テーマだった．

産側のメンバーが主に社内の品質管理推進者であるという特徴を生かし，研究会では，彼らが新たな方法論や既存の手法を組み合わせた活用事例を紹介した．産側メンバーの所属企業の事例作成者本人に，ゲストとして研究会で発表していただいたこともあった．そして，それらの方法論の可能性や一般化を学側のメンバーと一緒になって議論するといったスタイルで活動を続けてきた．

このような活動成果をまとめて，2010年5月に上梓したのが『開発・設計における"Qの確保"』であった．この書籍は，幸いなことにも，多くの方々に読んでいただき，高い評価をいただいた．

本来は，上記の書籍の発刊をもって研究会を解散することを考えていた．しかし，当時，日本企業の品質問題が大きくクローズアップされている最中だった．研究会のメンバーは，"いま研究会を解散すると中途半端になってしまうのではないか""このメンバーでまだやり残していることはないだろうか"と熟考した上で，研究会を継続していくことに決めた．研究会の次の目標として，

上記の書籍の第7章で取り扱った"開発・設計における技術力アップのための問題解決の実践方法"を深く掘り下げていくこととした．具体的には，製造業の開発設計技術者に，市場でお客様にご迷惑をかけないロバスト設計のための"仕事の考え方・進め方"と"活用が有効な方法論，複数の手法の組合せ活用と融合"を実務的な形で提供することを目標に設定した．

　折りしも，ビッグデータの解析が流行となっていた．一方で，ビッグデータに振り回されないように，統計学の基礎をしっかりと学ぶべきであるという認識も広まってきた．我が国の製造業における統計的品質管理では，観察データの解析と実験データの解析を峻別して，前者では仮説の構築を，後者では仮説の検証を行うことを推奨してきた．ビッグデータを利用できるようになった今日においても，このような区別はますます重要であるし，実験データによる検証を外すことはできない．すなわち，ビッグデータ解析と従来の統計的品質管理手法との融合が必要である．本書では，そういった観点からの検討についても触れている．

　本研究会を10年近くも続けることができたのは，日本品質管理学会の歴代の会長や理事会の方々のご理解があったからである．また，学会の中部支部の役員の皆様からは親身なご支援をいただいた．さらに，日本規格協会の方々には，前著に引き続いて本書の出版に当たっても，何かとお世話になった．これらの方々に，心より感謝の気持ちを表したい．

　2015年10月

研究会を代表して
永田　靖

編著者一覧

下記のメンバーが記載箇所の原案を執筆し，研究会で討議し，修正した原稿を互いに校閲するという過程を繰り返して本書を作成した．

代表	永田　靖	早稲田大学創造理工学部　教授	10.5節，17章，20章
	阿部　誠	トヨタ自動車(株) TQM推進部 品質向上推進室　グループ長	3章，4章
	荒木孝治	関西大学商学部　教授	16章
	五十川道博	(株)デンソー　走行安全事業部 走行安全技術企画室　キャリアパートナー	9章，10.1節～10.4節
	江口　真	トヨタ自動車(株) TQM推進部 品質向上推進室　主任	7章，24.2節～24.10節
	大野秀樹	トヨタ自動車(株)　サービス技術部 部長	6章(共著)
	河合利夫	(元)トヨタ車体(株)　副社長	2章(共著)，5章(共著)
	小杉敬彦	トヨタ自動車(株) TQM推進部 品質向上推進室　主査	1章，8章，13章，21章， 24.1節，26章
	内藤貴彦	トヨタ自動車(株) TQM推進部 品質向上推進室　技範	14章
	内藤哲也	トヨタ自動車(株)　試作部 評価技術室　室長	6章(共著)
	仁科　健	名古屋工業大学おもひ領域　教授	15章，18章
	三浦昭一	(元)トヨタ車体(株)　経営企画部	2章(共著)，5章(共著)
	吉野　睦	(株)デンソー　品質管理部 TQM推進室　担当次長	19章，23章
	渡邉克彦	トヨタ自動車(株) TQM推進部 品質向上推進室　グループ長	11章，12章，22章，25章
	渡邉浩之	トヨタ自動車(株)　顧問	序章

(五十音順，敬称略，所属は発刊時)

目 次

まえがき
編著者一覧

序　章 ………………………………………………………………… 13

第1章　開発・設計における技術力アップのための問題解決

1.1　開発・設計問題の現状 …………………………………………… 15
1.2　開発・設計業務における困りごと ……………………………… 16
1.3　困りごとを解決する取り組み …………………………………… 17
1.4　本研究会での取り組み …………………………………………… 21

A. 仕事の考え方・進め方編

第2章　開発・設計における自工程完結を目指した仕事の進め方

2.1　良い車をつくるための自工程完結 ……………………………… 25
2.2　開発プロセスによる技術の伝承 ………………………………… 26
2.3　良い車をつくるために設計技術者がやるべきこと …………… 31

第3章　変化点への気づき

3.1　現　状 ……………………………………………………………… 35
3.2　変化点の定義 ……………………………………………………… 37
3.3　変化点の種類 ……………………………………………………… 38
3.4　抜けもれを防ぐための視点 ……………………………………… 40
3.5　知見の継承 ………………………………………………………… 44

第4章　過去トラの把握と活用

4.1　現　状 ……………………………………………………………… 47
4.2　過去トラの蓄積 …………………………………………………… 49

4.3 知見の抽出 ………………………………………………………… 53
4.4 過去トラの活用 …………………………………………………… 55
4.5 まとめ ……………………………………………………………… 57

第5章　つくりやすい構造の追求

5.1 ボデー精度の向上 ………………………………………………… 59
5.2 気遣い作業の排除 ………………………………………………… 60
5.3 部品の荷姿の改善 ………………………………………………… 61
5.4 つくりやすい構造の追求に向けて ……………………………… 62

第6章　ライフサイクルを考慮した設計

6.1 サービス性を考慮した設計 ……………………………………… 64
6.2 リサイクル性を考慮した設計 …………………………………… 73
6.3 ライフサイクルを考慮し，お客様の立場に立った設計に向けて ……… 76

第7章　開発初期における製品品質のつくり込み

7.1 開発初期における製品品質つくり込みの重要性 ……………… 79
7.2 昨今の設計の現場で起きている問題 …………………………… 79
7.3 製品企画段階でやるべきこと …………………………………… 81
7.4 二律背反の両立検討に役立つ QFD ……………………………… 83
7.5 技術・組織両面の問題解決につなげるための QFD の簡素化 …… 83
7.6 製品機能の網羅性担保と優先順位付けのために考慮すべき視点 …… 86
7.7 機能・特性二元表作成時及び活用時の注意点 ………………… 88
7.8 関連部署間の連携やタイミングの整合性確保に役立つ TLSC …… 89
7.9 一つひとつの仕事への落とし込み ……………………………… 93
7.10 TLSC の作成に役立つ手法（DSM） …………………………… 93
7.11 DSM を活用した整流化の実施例 ……………………………… 96
7.12 まとめ ……………………………………………………………… 98

B. 手法編

第8章 開発・設計に必要な統計的ものの見方・考え方の基本
- 8.1 統計的考え方の基本を活用した的確な判断 …………… 104
- 8.2 開発・設計技術者に必要な統計的考え方 …………… 109
- 8.3 知識習得後にやるべきこと …………… 111

第9章 安全率をどのような値にしたらよいか分からない
- 9.1 はじめに …………… 115
- 9.2 統計的な安全率の考え方 …………… 116
- 9.3 安全率の計算例 …………… 117
- 9.4 おわりに …………… 122

第10章 パラメータ設計で再現性が得られない
- 10.1 はじめに …………… 124
- 10.2 解決のための考え方 …………… 124
- 10.3 数値例 …………… 127
- 10.4 おわりに …………… 134
- 10.5 補足解説 …………… 135

第11章 実験・評価を最初からやり直せない
- 11.1 パラメータ設計活用時の現状 …………… 139
- 11.2 計画の拡張の提案 …………… 140
- 11.3 まとめ …………… 147

第12章 直交表実験が困難な場合の対応方法
- 12.1 直交表実験が困難な場面 …………… 149
- 12.2 応答曲面法とは …………… 151
- 12.3 活用事例 …………… 153

第13章　メカニズムを把握するためのデータ

13.1　考え方 161
13.2　進め方・プロセス 162
13.3　手法・方法 162
13.4　事例 163

第14章　重回帰分析活用の現状と問題点

14.1　重回帰分析の偏回帰係数の符号が逆転しイメージと合わない 167
14.2　説明変数が多くサンプル数が少ない場合の重回帰分析の
　　　分析結果において再現性が乏しい例（その1） 170
14.3　説明変数が多くサンプル数が少ない場合の重回帰分析の
　　　分析結果において再現性が乏しい例（その2） 174

第15章　観察データの回帰分析による要因解析はどこまで可能か？

15.1　要因解析に回帰分析を用いたときの問題点 179
15.2　偏回帰係数の解釈 182
15.3　観察データによる要因解析の限界と実験計画の意義 183
15.4　観察データの回帰分析を要因解析に利用するときの留意点 186

第16章　回帰分析における変数選択の新しい方法

16.1　回帰モデル 191
16.2　変数選択の伝統的な方法と規準 193
16.3　制約付き回帰の基礎 194
16.4　品質管理における制約付き回帰の応用 197
16.5　おわりに 205

第17章　工程の状態を把握するための3つの指標

17.1　工程能力指数 207
17.2　工程変動指数 212
17.3　機械能力指数 213
17.4　各種指数の使用ストーリー 214

第18章　工程能力情報を何に活用するか?

18.1　はじめに 217
18.2　工程能力と工程能力指数の違い 218
18.3　工程能力情報の活用 219

第19章　損失関数の解釈

19.1　ことの経緯 223
19.2　損失関数 L の導出 224
19.3　損失関数 L と工程能力指数 C_{pk} 及び C_{pm} との関係 226
19.4　監査時の対応方法 227

第20章　MTシステムの性質と注意点

20.1　MT法 229
20.2　MTA法 231
20.3　RT法 231
20.4　T法 232
20.5　おわりに 234

C. 推進(仕組み・体制)編

第21章　開発・設計技術者を支援する仕組み・体制——研修

21.1　研修の概要 240
21.2　これから研修を始める際のポイント 244

第22章　応答曲面法セミナーの開講

22.1　事前研究からセミナー立ち上げまで 247
22.2　実践的なカリキュラムへの進化 249
22.3　更なる発展に向けて 252

第23章　データサイエンス教育の創設

23.1　はじめに 255

- 23.2 パラダイムシフトの詳細とその対応 …………………… 256
- 23.3 技術者の期待 …………………………………………… 259
- 23.4 技術者の期待に応える正則化回帰 ……………………… 260
- 23.5 正則化回帰 lasso による要因解析事例 ………………… 262
- 23.6 まとめ …………………………………………………… 267

第24章 開発・設計技術者を支援する仕組み・体制──実践

- 24.1 実践支援とは …………………………………………… 269
- 24.2 開発設計の各組織に入り込んだ実践支援の必要性とその役割 … 270
- 24.3 本活動推進の基本的考え方 …………………………… 271
- 24.4 本活動をうまく進めるための方法 …………………… 272
- 24.5 関わり方の粗密を決定する視点 ……………………… 279
- 24.6 多くの技術者が一人でできるようにする方法 ………… 280
- 24.7 他の技術者へ広める際の留意点 ……………………… 281
- 24.8 実践支援を通じて確立した手法活用方法や事例の蓄積 … 282
- 24.9 一般化した手法活用方法の具体化 …………………… 285
- 24.10 実践支援を行う際の心構え …………………………… 288

第25章 研修受講と実務活用をつなぐ取り組み

- 25.1 ロバスト設計のための研修と実践活用 ………………… 291
- 25.2 品質工学研修の工夫 …………………………………… 292
- 25.3 受講後の実践調査 ……………………………………… 294
- 25.4 ロバスト設計法の選択ガイドライン ………………… 296
- 25.5 まとめ …………………………………………………… 297

第26章 開発・設計技術者を支援する仕組み・体制 ──発表会, 推進体制

- 26.1 発表会 …………………………………………………… 299
- 26.2 推進体制 ………………………………………………… 300

索　引 …………………………………………………………… 303

序　章

　日本の統計的品質管理（Statistical Quality Control：SQC）は第二次世界大戦後に始まった．米国からのSQC導入や1950年代のデミング博士の日本における活動は，戦後の日本の産業界の発展に大きな功績を残した．そして，1970年代高度経済成長に向かった日本の製造業は，PLや公害という厳しい問題に直面し，"設計から製造，販売までの統合的取り組み"によって，未然防止を図る"TQC"を確立した．これに加えて，設計者一人ひとりが図面検討段階において，問題の見える化と未然防止活動の結果を図面に織り込む"自律的問題解決手法"を実践するようになった．この両者が日本のものづくりの品質を世界に冠たるものにした．

　そして20世紀末から21世紀初めにかけて，ハイブリッドをはじめとする低カーボン・エネルギー変換技術や衝突事故を未然に軽減・防止する自動ブレーキシステム，安全・環境・渋滞の交通課題を解決するITS（高度道路交通システム）などの技術が開発され，大量普及を果たした．これらは，新しい価値の創造を目的とし，それに最適となる技術群を選択・進化させた成功例であり，私なりの解釈を許して頂ければ"TQM"の成果の一例といえる．

　さて，その成功の原点はどこにあるのか？　私は次の5点に要約されると考える．

1. 従来型の技術に加えて，電子・通信領域の技術の飛躍的進化．
2. 対象世界の物理モデル化と大規模シミュレーションを組み合わせた，サイバー空間と現実空間のスムースな移行を可能とする新しい設計手法（SILS/HILS，X in the loop など）．

3. 改善ではなく，新たな価値の創造に向けて，開発組織と資金・時間を最適に投資するトップマネジメント．
4. SQC, TQC の基本ともいえる"科学的に問題の見える化"を行い，品質工学など有効な問題解決手法との統合化を促進し，"関係者全員で目標・プロセス・成果を共有"する既存の枠を超えた，スコープの大きな活動．本書で詳しく紹介されている．
5. 製品の最終目的を満足すべく，担当者一人ひとりの仕事のプロセスを自律的に完遂する"自工程完結"．

今や，自律分散型の水素社会やロボット・自動走行の世界，プローブ/ビッグデータ活用の社会システムなどの実用化が始まっており，次の世代の世界では，地球的課題を解決し，それぞれの個が豊かで快適な生活を享受する夢が実現する．しかし，その夢をポジティブな正夢とするためには，技術力も大切ではあるが，自然科学，社会科学だけでなく，心理学など，限りない人間の研究が必要である．機械と自律した人間の優れた点を組み合わせた，新たなる"Cyber Physical Systems"が登場する．このフィールドにおいては，嬉しいことに，上記3項，4項，5項の人間力の更なる向上が肝要となる．

最後に一言．"人間に勝る'幸福～危機'センサーはない．"

トヨタ自動車株式会社　顧問

渡邉　浩之

＃ 第1章　開発・設計における技術力アップのための問題解決

　お客様の商品に対する期待や品質意識は絶えず変化・向上しており，製造業に従事する者としては，この変化を的確・タイムリーに把握・対応していく必要がある．ひとたび品質問題が発生すると，その情報は一瞬のうちに世界中を駆け巡り，その対応には大変な労力を注ぎ込まなければならない．また，不具合という形での品質問題の発生には至っていない領域への対応の要求レベルも，向上の一途である．例えば，従来は故障の発生率を低減する信頼性設計に留意していたが，近年では，信頼性設計ではカバーできない"安全・安心感"の確保も求められている．

　お客様の要求・期待に応えるために，技術や商品の高度化・複雑化のスピードはますます増加し，開発・設計者が配慮しなければならないことは多岐にわたる．このような状況に対応するために，多くの専門部署・専門家が役割を分担し，連携しながら開発・設計業務を遂行している．また，開発・設計者も，かつてはいわゆる正社員のみであったが，近年は関連会社からの出向者や派遣者に委ねる部分が増加し，人員構成も多様化している．

1.1　開発・設計問題の現状

　図1.1は，2005～2008年に開発・設計プロセスで発生した問題を調査した結果をまとめたものである[1]．ここでは技術的な原因調査だけではなく，どのような考え方，仕事の進め方をしたか，設計面，評価面，管理面から整理を行った．図より，変更点・変化点の見逃しによる問題発生が約70％を占めている．

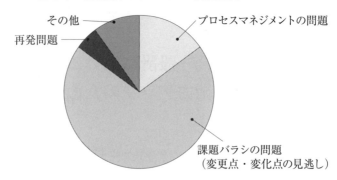

図 1.1 問題発生事例（50 件）の原因

　変更点の見逃しとは，機能への影響は大きいが見かけ上は簡単な設計変更に対する感度が低く，問題の芽に気づかないことが代表例である．一方，変化点の見逃しでは，使用環境条件の変化点を見逃したために問題が発生した事例が多い．新商品を開発・設計する場合でも，全てが新規設計であることは少なく，既存商品から流用することが多い．市場実績のあるものを流用する際には，市場実績ありとの安心感から思考停止を起こし，重要な変化点を見逃してしまうことがある．また，従来からの標準に頼りすぎ，標準通り仕事をすればよいと思うと変化点に気づくことは困難になる．

　開発・設計に携わる全ての技術者が，変更点，変化点に注意するという当たり前のことを，"いつも"，"徹底して"，人一倍の熱心さをもって行うことができるかどうかが，未然防止の鍵を握っている．一人ひとりの意識や気づきはもちろん大切であるが，精神論にとどまることなく，複雑化・細分化が進んだ現状に的確に対応できる，何らかの具体的な処方箋を提示する必要がある．

1.2　開発・設計業務における困りごと

　問題発生事例に着目すると，変更点・変化点の見逃しが支配的であるが，普段の開発・設計業務の中では，どうなっているのであろうか？　本書執筆メンバーのうち企業に所属する者の多くはSQC推進部署に所属し，社内研修の計

画・実施や，いろいろな部署からの相談やアドバイスの要請に対応している．そのようなメンバーが，これまでに開発・設計部署の技術者から相談を受けた項目を，開発・設計の大枠のプロセスに沿って"困りごと"として整理したものを次ページの表1.1に示す．

　表1.1を見ると，開発の上流から設計，試験・評価に至るいずれのプロセスにおいても，困りごとがあることが分かる．なお，表中に記載した困りごとは，筆者らに相談やアドバイスの要請があったものを整理した結果であるので，実際にはこれ以外の困りごとも多々あると思われる．このことより，技術者は日々実に数多くの困りごとと対峙しながら，開発・設計業務に取り組んでいるかが分かる．表中にある各困りごとを概観すると，いわゆる固有技術に関するものは少ない．開発・設計現場では，固有技術に関する知識や経験に基づいて解決していく問題が中心であるが，SQCの専門家への相談であるため，このような結果になったものと思われる．

1.3　困りごとを解決する取り組み

　表1.1にある困りごとを見ると，"実験回数が膨大で実施が困難""パラメータ設計で再現性が得られない""メカニズムの把握に必要なサンプル数が多い"といった統計的なものの見方・考え方を上手く活用することで，解決が可能な問題が散見される．一方で，統計的なものの見方・考え方とは異なる視点・アプローチで解決していく問題もある．それらの問題は多岐にわたり，なかなか一言で表現することは難しいが，ここでは仕事の進め方を改善すべき問題と捉えた．しかし，統計的なものの見方・考え方を上手く活用することも，仕事の進め方の改善も，固有技術をしっかり持った技術者であっても，必ずしも容易ではない．そこで，このような問題であっても，一人ひとりの技術者が，自ら解決できることを目指した取り組みを行うことが有効である．具体的な施策としては，研修，実践支援，発表会などがある．

　統計的なものの見方・考え方であっても，仕事の進め方であっても，まずは

表 1.1　開発・設計プロセスと困りごと

【大分類】	【小分類】	【主な困りごと】
設計要件の明確化	お客様ニーズの把握	・お客様も気づいていない真のニーズが把握できない．
	競合他社の把握	・スペックでは現れないような部分での他社との優位性が分からない．
	最新の法規制の把握	・各国法規（特に変化の早い新興国）の新設・変更情報のタイムリーな把握が難しい．
	過去トラブルの把握	・同じシステム・部品での過去トラは把握できるが，別のシステム・部品で発生した過去トラまでは調べきれない．
	技術のベンチマーキング	・各社の技術レベルや設計思想の違いをうまく説明できない．
	製品要求と設計特性の関係の明確化	・システムとして成立するか不明． ・性能目標への落とし込みが曖昧． ・要求性能が網羅できているのか不明． ・要求性能の優先順位をどのように考えるべきか不明．
	他機能背反の明確化	・背反関係が複雑すぎて，一番に解決すべき課題が分かりづらい． ・機能間背反の調整が進まない．
	ストレス（使われ方，使用環境など）の把握	・使われ方が不明． ・市場環境が不明． ・最悪条件が何かが不明．
	現状の壊れ方の把握	・現物回収が難しい． ・市場不具合が，ベンチで再現しない．
	工程能力の把握	・製造ばらつきが不明． ・C_p が分からない，特性の分布が分からない． ・工法が分からない． ・2次，3次での工程やばらつきまで調べきれない．
	材料・寸法・処理などの設計諸元決定	・要因が多くて，最適と思われる設計諸元組合せになかなかめぐり合えない． ・やっと選択した設計諸元の組合せが，ロバストで最適か不安．
最適設計	ストレングスの決定	・ストレングスのばらつきが不明． ・故障確率（又は安全率）をいくらにすべきか分からない． ・どこを最弱部位にすべきか分からない．
	他特性背反の把握	・自分の担当範囲外の周辺部品の特性との背反が把握できない．
	壊れ方の考慮	・過去トラが活かしきれない． ・メカニズムが見いだせない． ・あらゆる市場で，どのような壊れ方をするか，想定できない．

1.3 困りごとを解決する取り組み

表 1.1 （続き）

	変化点への気づき	・気づきがもれる． ・対応策が場当たり的． ・対策についての認識が合わない． ・他部署の変更点が，自分の担当範囲にどのような変化点となるのか，分からない． ・変化点に気づいてはいたが，影響を過小評価してしまった． ・2次，3次での変化点を，把握できない．
	試作品製作	・新規部品や新規加工法では，最初から図面指示通りの加工精度がなかなか出ない． ・いろいろな材料・加工・処理方法があるが，精度や機能を追及するとコストアップになる．
試験評価 （設計成立性の検証）	評価特性の決定	・目先の品質・性能を評価特性にしてしまう． ・代替特性を選ぶ際に，それが妥当かどうか，判断できない．
	評価方法の決定	・計測技術，計測方法． ・最適な活用手法が不明． ・テキスト通りに進まない． ・新製品や新市場が現れるたびに，市場環境や使われ方に即した評価条件をなかなか見いだせない． ・評価時間が膨大なため評価数が限定される．
	ノイズの決定	・支配的なノイズが不明．
	評価要因（制御因子）の決定	・影響因子の数が膨大． ・評価数の制約から評価要因数を絞る適切な方法が不明．
	壊れ方の確認	・市場での壊れ方が再現しない． ・差があるといえるのか不明． ・加速試験をすると，故障モードが変わってしまう． ・想定しなかった壊れ方の評価試験はやらない（例えば，水の侵入を想定しないと，水没試験はやらない）
	寿命の確認	・信頼性確認の n 数が少ない． ・思ったように壊れてくれない． ・確認に膨大な時間がかかる． ・最悪条件での寿命が予測できない．
	メカニズムの把握	・官能と実測が合わない． ・試験条件が異なる． ・n 数が少ない．
要求性能の保証	工程能力の検証（確認）	・量産時に要求性能が確保されているか検証したい． ・設計したものが量産時に工程能力があるか検証したい． ・作業性が成り立つか検証したい． ・生産性が成り立つか検証したい．
	市場不具合の解析	・市場不具合の再現をしたい． ・市場の環境を検証したい．
	対策立案	・選択した対策案で，安全率は十分か不明． ・やり直しの評価に時間と工数がかかる．

必要な知識・スキルを習得することが第一歩であろう．そのための手段として，研修の受講が一般的である．必要な知識・スキルを習得したら，次は，自らの開発・設計業務で活用することとなる．しかし，現実には研修で習った通りにはいかないことが珍しくない．この状態を放置すると，せっかく習得した知識・スキルが活用されず，やがては研修受講そのものも無意味なものとなってしまう危険がある．このことを防止するためには，必要なアドバイス・サポートを得ることが必要である．また，発表会に参加して優れた取り組みの具体事例を知ることも，大変有益である．これらは，単独で捉えるのではなく，研修⇒実践⇒発表会というサイクルを回し，スパイラルアップさせていくことが望ましい．

いずれの施策も，社内で計画・実施するものと，社外の品質管理を普及する団体が計画・実施するものがある．社内の場合は，例えばTQM推進部で計画・実施される．一方，社外の品質管理を普及する団体としては，日本規格協会，日本科学技術連盟，中部品質管理協会などがある．詳細は，各団体のホームページを閲覧することで把握できる．

トヨタグループでは，統計的なものの見方・考え方の活用を支援する施策は，課題はあるものの比較的充実している．しかし，実際の実践支援に参画してみると，表1.1にあるように，仕事の進め方を改善すべき問題に直面することがしばしばある．いくつかを表から抜粋すると，下記のようなものがある．

・システムとして成立するか不明．
・背反関係が複雑で，解決の優先順位が分からない．
・対応策が場当たり的．
・他部署の変更点が，自分の担当範囲にどのような変化点となるのか不明．

いずれも，技術や商品の高度化・複雑化に対応するために，仕事の分業化・細分化が進行し，その結果，業務プロセスが複雑・多様化したことが影響していると思われる．このような状況が散見されると，頑張ってもやり直しがたびたび発生したり，部署間の仕事がつながらなくなり，上記のような困りごととして提起される．

1.4 本研究会での取り組み

日本品質管理学会中部支部産学連携研究会では，Qの確保を目指して新しい品質確保活動法の整備・拡大・利用促進に取り組み，『開発・設計における"Qの確保"』にまとめた．しかし，開発・設計現場で技術者が，本内容を自律的に実践するには，更なる具体化が必要であるという課題が明確になった．特に，開発・設計における技術力アップのための問題解決の実践方法の掘り下げが中心的課題であった．表 1.2 は，『開発・設計における"Qの確保"』の中で，問題解決の実践方法としてまとめたものである．

表 1.2 研究会でまとめた問題解決の実践方法

(1) 品質工学と SQC との融合に向けて
(2) 基本機能を導くための機能展開
(3) 品質工学の効果的活用のポイント
(4) 適合設計の方法論
(5) シミュレーション実験における品質工学とシャイニンメソッドの活用
(6) 設計・製造におけるばらつきとは
(7) 品質工学と SQC の推進体制
(8) パラメータ設計における留意点

そこでその後の研究会では，問題解決の実践方法を掘り下げる際の重要なキーワードの1つである"統計的なものの見方・考え方"にフォーカスして，事例を中心に議論を行い，勘所・ポイントの明確化に取り組んだ．議論・検討を進めていくと，統計的なものの見方・考え方に加え，前述したように"仕事の考え方・進め方"に関する問題を解決するための勘所・ポイントの可視化も重要な課題であることが明らかとなった．また，研究会の産側メンバーの多くは，SQC推進に従事しており，推進の質を継続的に高めていくことも重要な課題であることを共通に認識していた．これらより，以下のA～Cの3つに層別してまとめることとした．

 A．仕事の考え方・進め方
 B．手法

C. 推進（仕組み・体制）

主たる対象者としては，A，B は一人ひとりの開発・設計技術者，C は TQM（あるいは SQC）の社内推進者を想定している．開発・設計業務における仕事の進め方を改善するための諸施策（研修，実践支援，発表会）は，統計的なものの見方・考え方の活用を支援する施策ほどには充実していないので，課題も多いのが実情である．今回の，勘所・ポイントを可視化する取り組みが，今後のより良い企画のきっかけとなることを目指して，メンバーで議論・検討を行った．

参 考 文 献

[1] （社）日本品質管理学会中部支部産学連携研究会編（2010）：『開発・設計における"Qの確保"』，日本規格協会．

A. 仕事の考え方・進め方編

第2章 開発・設計における自工程完結を目指した仕事の進め方

　設計技術者の仕事には，お客様ニーズの多様化や製品構造の複雑化・開発期間の短縮に伴いますます厳しくなる開発環境のもと，企画目標の達成・使用環境条件への対応・お客様ニーズの反映・法規への適合・生産性やサービス性の確保などさまざまな要件を満たすことが求められている．

　こうした環境下で，設計技術者は時間に追われ，本来行われるべき当たり前の仕事や手順を省いているのではないか，そしてお客様の声を聞き，他社製品の設計に学ぶという謙虚さを見失っているのではないかと懸念している．

　ここでは，設計技術者は何から始めて何で仕事を終えるべきか，抜け落ちのない仕事を実現するために押さえるべきことは何かを，開発プロセスの整備と運用の事例を交えながら紹介する．

　なお，本章は河合[1]のエッセンシャルな部分に基づいて作成したものである．

2.1　良い車をつくるための自工程完結

　一番分かりやすい自工程完結の事例は，工場の製造工程における作業要領書である．作業要領書には作業の手順がドキュメントとして書かれていて，そのドキュメントに従って粛々とやれば良品にたどり着く．その良品状態が作業要領書に明示されていて，自分がやった結果がその良品の状態と同等以上になっていることを確認して，確実に付加価値のついた状態で次の工程に渡す．この製造工程での仕事の進め方は車両の開発・設計にも適用することができる．

　この観点については，佐々木[2]により詳しく述べられているため参照されたい．

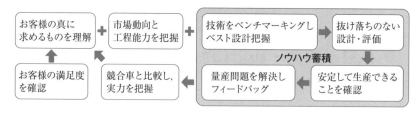

図 2.1 良い車をつくるために設計技術者が本来やるべき仕事

図 2.1 に"良い車をつくるために設計技術者が本来やるべき仕事"を示す．先行開発の段階でお客様の満足度の確認と競合車との比較を行い，お客様が真に求めるものを理解し，また，市場動向と工程能力を把握する．その情報に基づいて，ベンチマークの結果も踏まえたベストな設計構造を目指す．満たすべき設計要件を洗い出し，抜け落ちなく設計を行い，評価を実施する．実際の製造工程で安定して生産できることを確認する．製造工程や市場で発生した問題については即座に対策し，次の開発車両にフィードバックする．そのプロセスで得られたノウハウや知見は蓄積して，次の開発に生かす．このサイクルを回し続けることで，次の開発は更に一段レベルアップする．このようなことができていること，すなわち，設計技術者が一つひとつの仕事を抜け落ちなく確実に最初から最後までやるべきことを理解して実施することが"開発・設計における自工程完結を目指した仕事の進め方"であると考える．

2.2 開発プロセスによる技術の伝承

"開発・設計における自工程完結を目指した仕事の進め方"を確実に実行するためには，開発をするためのプロセスを作り，その開発プロセスに従って粛々と仕事をできるようにすることが基本となる．また，一つひとつの仕事は大変複雑であることから，仕事をドキュメント化して，着実に実施できる環境を整備することが重要である．さらに，仕事の生産性を向上するために IT 化は不可欠であり，IT 化された開発プロセスの中に良品条件や仕事のやり方を組み込むことで技術を伝承し，これを人材育成にも活用することにより，手戻

りのない開発の基盤ができあがっていく．

　技術の伝承は，開発プロセスの中に全ての情報を入れることから始まる．開発に必要な情報は，全てサーバーの中にある開発プロセスの中にリアルタイムで蓄積し，リアルタイムに活用できるようにすることを目指すべきである．そして次のモデルの開発着手時に，整備した開発プロセスを開発モデルの開発期間に合わせてリードタイムの整合性を確認する．前のモデルの反省で改善しておけばよかった点や，新しいやり方を開発プロセスに組み込む．さらに，今回開発するモデルでの新しい機能や難しい機能に対しては，先行検討・先行開発を早くから実施することをその開発プロセスに入れる．その上でこれまで行ってきた設計・評価の良品条件，目標，仕事の進め方などをこの開発プロセスに残していけば，確実に設計ノウハウも伝承された車両開発プロセスができることになり，これが人材育成にもつながっていく．

　図 2.2 に開発プロセスの一例を示す．例えば，解説書の閲覧には干渉チェックの方法が入っており，その中にチェックした結果が入っている．DRBFM (Design Review Based on Failure Mode) の情報も最新状態で入っていて，更に改善して残すようにする．また，評価結果の閲覧ではシミュレーションを含めたこれまでの評価結果が全て出てくる．

　開発プロセスは全ての部品に対して，評価項目・デザイン・原価管理など開発項目を網羅して作成する．また，先行開発・試作・量産準備などの開発の段階ごとに中プロセスを作成し，更に開発担当者の一人ひとりの開発業務までつなげた小プロセスも作成する．この小プロセスに入っている情報で誰でも容易に抜け落ちなく，効率的に，やり直しなく，確実に良品条件を踏まえて良品状態を作り上げられるようにする．また，この小プロセスの中に，担当者がこれでよしと判断しながら仕事ができるように，図 2.3 に示す仕事のやり方の手順を整備しておく．

　この手順書には仕事の初めから順次，仕事のやり方が示されており，手順に従って実行していけば良品状態で仕事が完了できるようになっている．

　更にこの中に，若手技術者や次に設計してもらう人に技術を伝承しながら，

28　第2章　自工程完結を目指した仕事の進め方

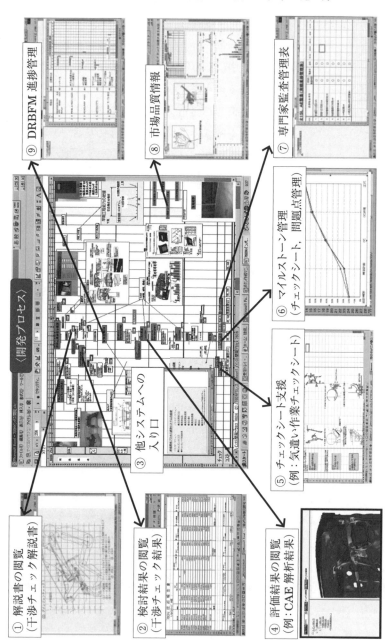

図 2.2　開発プロセスの一例

2.2 開発プロセスによる技術の伝承

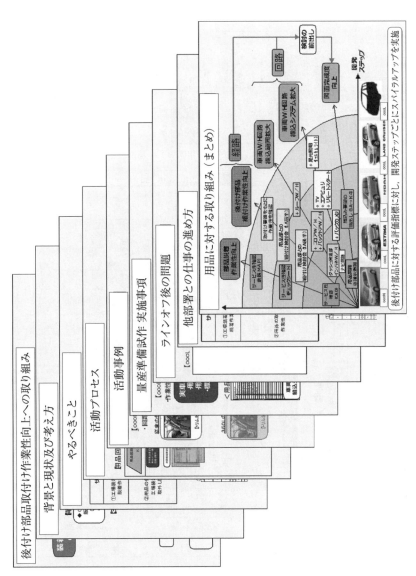

図 2.3 手順の見える化の一例

30　第2章　自工程完結を目指した仕事の進め方

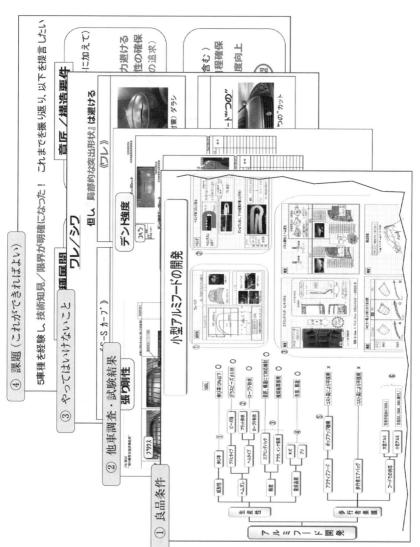

図 2.4　良品条件とその背景の伝承の一例

また，技術のレベルアップへの挑戦ができるように，図2.4に示す良品条件とその背景が分かるシートを織り込む．これには先ほどの手順を見てそのままやるのではなく，何が課題かということを理解し，課題を達成するために何をやるべきかを考えながら仕事をしてほしいという期待も含んでいる．このシートにはまず良品条件・良品状態を入れる．次に，これが成り立った理由・試験結果・他車調査や材料の調査結果などを入れる．更にやってはいけないことも入れる．最後に次の開発までに解決してほしい課題を入れる．

この開発プロセスで先行開発・試作・量産準備などの開発のステップごとに振り返りを実施し，技術の伝承を継続していく．このステップごとの振り返りと伝承が極めて重要である．開発完了を待って振り返りをしたのでは，時間が経ちすぎて伝承にならないのである．

2.3　良い車をつくるために設計技術者がやるべきこと

お客様が求める良い車をつくるためには，自工程完結の考え方に基づき開発・設計を推進することが重要である．自工程完結の考え方に基づいた最適な設計をするためには，

　・仕事の基本をプロセスに織り込むこと

　・節目ごとにPDCAを回して改善すること

が基本となる．

図2.5にその手順を示す．

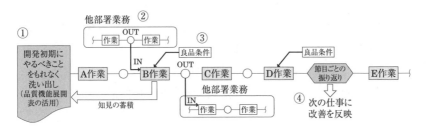

図 2.5　開発・設計の手順

① 開発初期にやるべきことをもれなく洗い出し，二律背反事象の両立を図る．
　② 関連部署間のIN-OUT情報の内容とタイミングの整合性をとる．
　③ 作業ごとに良品条件を紐づける．
　④ 作業の中で明確になった課題を節目ごとに振り返り，次の仕事にフィードバックする．

実際に設計をするに当たっては，市場で加わるストレスを前もって把握し，なぜそのストレスが設定されたのか，その意味を理解しながら，ストレングスを確保し，評価により検証する．次に，競合車の商品性・意匠性・コスト・質量・技術などのベンチマーキングを行い，自社の製品の強み・弱みを把握し，世の中のトレンドを読み，時代に先んじて新しいことを創意し，次の時代を見据え，チャレンジすべきことを先行開発で取り組む．そして，実際の製造工程の現状やつくり方を把握し，生産上の制約や課題を理解する．チャレンジすべきことは設計構想段階において車両に組み付けられる状態にしておき，安定して生産できるよう根本対策をあらかじめ図面に織り込んだ最適な設計を実施する．

さらに，これらを確実に実施するため，下記に示す開発プロセスの整備をベースとした開発業務のマネジメントを行い，この開発業務のマネジメントを着実に実行していたら自然と付加価値のついた良品にたどり着くようにしておくことが極めて重要である．

　① 部品ごとに設計の最初から最後までの全ての情報を開発プロセスの上で見える化し，その中にノウハウを蓄積する．
　② 設計技術者と関係部署が互いにやりとりするIN情報とOUT情報を整合性を取りながらつなげる．
　③ 設計構想以前に必要な技術の開発を終えるように業務を前出しする．
　④ 部品精度・生産性・作業性などの良品条件を生技・製造と一体となり整備する．
　⑤ 開発ステップごとに振り返り，次の開発車両にフィートバックする．

以上の仕事を抜け落ちなく確実に実施し，次の技術者に技術を伝承することが，しっかりした技術が次の世代に引き継がれ，結果としてお客様の期待を超える車両を提供し続けることにつながっていくと考える．

　一方で，開発・設計を取り巻く環境は複雑化の一途をたどっており，"やるべきこと"の洗い出しやその優先順位付け，開発プロセスの作成は一担当者の努力や精神論ではとても対応できない状況であると考えられる．

　第3章から第7章において"変化点""過去トラブル""つくりやすさ""ライフサイクル"といった"やるべきこと"を洗い出すためのキーワードに対する対応策とともに，"やるべきこと"が二律背反する場合の優先順位付けに役立つ手法と開発プロセスづくりに役立つ手法を紹介する．

参 考 文 献

[1]　河合利夫（2010）:『開発〜生準における自工程完結に向けた活動』，トヨタ自動車㈱TQM推進部．
[2]　佐々木眞一（2014）:『自工程完結』，日本規格協会．

第3章　変化点への気づき

　製造現場ではよく変化点管理の重要性がいわれている．人の変化，設備や工具類の変化，加工条件の変化など日常的にさまざまな変化点があり，それらの変化点により，製品の寸法値が変化したり，ばらつきの大きさも変わったりする．その結果，品質不具合となることも考えられるからである．製品設計においても同様，変化点により，製品の機能不具合につながることが懸念される．そのため，抜けもれなく設計上の変化点を洗い出し，その変化点に対する備えをすることが，品質確保には不可欠である．本章では，いかにして変化点を把握し，未然防止をはかればよいのか，詳述する．

3.1　現　　状

　品質問題を未然防止するには，品質問題につながるリスクを抜けもれなく洗い出し，先手を打つことが必要である．しかし実際には，図3.1に示すように，

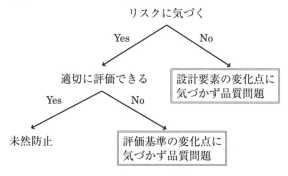

図3.1　品質問題の発生パターン

リスクに気づかない，または気づいたとしても，不適切な評価をしてしまい，その結果，品質問題を発生させてしまっている．品質問題は，変化点に起因する場合が多い．

信頼性の基本は変えないこと，という考え方もよく耳にする．しかし，いくら市場実績のある製品であっても，使用環境が従来と変わってしまえば，将来も品質問題を起こさないという保証はどこにもなく，市場実績があるから信頼性が高い，という思い込みは危険である．何よりも，いつまでも同じものを使い続けていては，どれほど信頼性が高くとも，お客様の多様化するニーズに応えることができず，進化する他社競合製品に負けてしまい，市場から撤退を余儀なくされるだろう．

そこで，設計者は，従来製品に手を加えて，付加価値を向上させていかざるを得ないわけだが，当然の帰結として，そこに変化点が発生することになる．その変化点に対する設計配慮が不十分であると，いわゆる"想定外"の問題となってしまう．

設計者も，変化点管理の重要性は理解しており，昨今では，DRBFM (Design Review Based on Failure Mode) という手法を活用し，変化点から想定される心配点（故障モード）の洗い出しを行い，その要因と対応案を検討している．設計者だけでなく，材料技術・生産技術・品質保証・サービスなどさまざまな領域の専門家を交えてデザインレビューを行い，心配点の抜けもれがないかを確認し，問題の未然防止に努めている（日本品質管理学会中部支部産学連携研究会[2]を参照）．

しかし，DRBFMを実施していても，残念ながら心配点を抽出できず品質問題となってしまうケースもしばしば見られる．これには大きく2つの場合がある．1つは，心配点以前に，そもそも変化点に気づいていなかった場合，もう1つは，変化点には気づいていたが，知見が十分ではなく，心配点を想起できなかった場合である．

後者については，デザインレビューに有識者の参画を促すことで，ある程度までは防ぐことが可能である．ただし，過去に全く経験しておらず知見がない

ものについては，有識者であっても完全に防ぐことは難しいという問題がある．一方，前者のように，そもそも変化点に気づいていない場合には，いくら有識者を集めてみたところで，検討の土俵にのっていないため，心配点が見つかるはずがない．

ここに変化点管理の落とし穴がある．変化点を全て抜けもれなく把握できていることが，変化点管理の大前提であることは言うまでもないが，現実には，何らかの変化点を見落としてしまうこともよくある．これが，変化点管理における最大の困りごとである．

3.2 変化点の定義

ここで，そもそも変化点とは何か，を定義しておきたい．製造現場において広く変化点という言葉が使われているが，捉え方が人によってさまざまである．一般に変化点管理という言葉が定着しており，"変化点"という言葉で全て代表されてしまっているが，そこにはいくつかの意味合いが込められている．

変化点の中で真っ先に思い浮かぶものは，言うまでもなく，設計者本人の意志で変更した点である．例えば，燃費改善を狙って，摺動抵抗を小さくするために，グリースの種類を変更する，などの変化点である．次に考えられるのが，設計者の担当範囲外の周辺部品の設計者が設計変更した結果，自分の設計範囲にも影響を及ぼす場合である．例えば，燃費改善を狙って，周辺部品の設計者が，軽量化のために材質を変更したとする．その結果，周辺部品の熱伝導率が大きくなり，自部品に使っているグリースに加わる熱量が増加してしまうといった変化点が想定される．最後に，設計者（自分自身だけでなく，周辺部品の設計者も含めて）が全く意図しない変化点がある．例えば，寒波が襲来し，例年よりも大量融雪剤が使用されたために，融雪剤が内部に侵入し，グリース内に混入，グリースが劣化してしまった，などの変化点である．

つまり，変化点といっても，自分で変えたもの，他人が変えたことで影響を受けるもの，勝手に変わってしまうもの，の3つが考えられる．最初の自分

で変えたものは，自分の意志で変更を加えた，という意味で，変化点というよりはむしろ"変更点"と呼ぶことが適切である．残りの2つは，自分の意志とは無関係に変わってしまったものであるので，これらはまとめて，狭義の"変化点"といえる．図3.2に示すように，"変更点"と狭義の"変化点"を含めたものが，一般的に用いられている広義の"変化点"である．

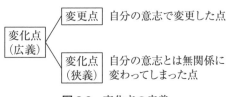

図 3.2 変化点の定義

このように定義をしてみると，設計者が自分の意志で変えた変更点を把握できない，ということは考えにくく，多くの場合は，狭義の変化点に気づかないことが，問題であると分かる．

そこで，以下では，変化点とは，狭義の変化点を指すこととし，どのようなものが考えられるかを詳しく見ていきたい．

3.3 変化点の種類

前述したように，変化点には，他の設計者が変更したことにより生じる，設計的な変化点と，設計者が関与したわけではない，環境的な変化点がある．

まず，設計的な変化点には，担当範囲外の周辺部品の設計者によるものと，担当範囲内で仕入先に発注する構成部品の設計者によるものとがある．特に最近は，自動車もさまざまな電子制御や通信機能が採用され，高度に専門化しており，一人の設計者が関与できる範囲が狭くなっており，必然的に，専門外の部分を他の設計者に任せなければいけなくなってきている．他の設計者との情報共有不足や，思い込みなど，コミュニケーションが不十分で変化点が伝わらず，問題となるケースが増えている．また，構成部品がブラックボックス化し，

3.3 変化点の種類

詳細情報が開示されなかったり，構成部品の中に使われている二次構成部品，更に三次構成部品なども増加の一途をたどり，設計者が，直接コンタクトできない二次仕入先，三次仕入先の設計者が変更した点を抜けもれなく把握することは，極めて難しい状況になっている．

次に，環境的な変化点は多岐にわたって考えられるため，主なもののみを示すこととする．最近では，新興国など従来にない地域にも自動車が普及するようになった．それに伴い，自動車の使われ方も多様に変化してきている．日本ではほとんど見られないが，海外の一部地域によっては，キャビン内をスチームジェットで洗車することもあれば，慢性的な大渋滞の中，頻繁にクラクションを鳴らしっぱなしにするような使われ方もされる．またライフスタイルの変化により，シガーライターの電源からスマートフォンなどの携帯電子機器を充電するような使われ方も見られるようになった．

このような使われ方の変化以外には，各国のエネルギー政策の変化により，シェールオイルが石油の代わりに掘削されるようになったり，天然ガスやバイオエタノールなど，自動車に使用される燃料も多種多様化するといった変化も発生している．お客様個人レベルではなく，社会的な変化も増えてきている．更には，昨今よく見られる異常気象などの自然現象もさまざまに変化してきている．自動車市場がグローバルに拡大するにつれ，これまでとは違った自然環境における走行についても考えなければいけなくなっている．

表3.1 主な変化点による品質問題の例

設計的な変化点	周辺部品の変化点	相手部品の材質変更で，熱膨張率が変わり，自部品とのクリアランスが減少し，焼付
	構成部品の変化点	電子基板内のモールド樹脂の材質変更により，高温使用時に樹脂劣化し，基板が短絡
環境的な変化点	使われ方の変化点	スチームジェットによるキャビン内の洗車により，スイッチ内部に水入り
	社会動向の変化点	シェールオイルが使われ出し，ガソリンのオクタン価が減少し，エンジン効率が低下
	自然環境の変化点	黄砂の大量浮遊により，フィルタ目詰まり

これまで説明してきた，設計的な変化点と環境的な変化点による品質問題について，具体的な例をまとめたものを表3.1に示す．設計者が考えなければいけない変化点は，以前に比べ，ますますバラエティに富み，膨大なものになってきている．

3.4 抜けもれを防ぐための視点

これまで述べてきたように，設計者が気づきにくい変化点は増加の一途であり，いかにして変化点を抜けもれなく把握するかが大きな課題である．そこで，変化点を抜けもれなく把握するためにはどうすればいいかについて考えてみたい．

言うまでもないことだが，100％確実に変化点を網羅する方法論というものは存在しない．日々新しい変化点が生まれているともいえるし，限られた開発期間の中では，全ての変化点に対し検証を加えていくことも非現実的である．ここでは，少なくとも致命的な（取り返しのつかないような）失敗だけは避けられるようにするために，どのような視点を持つべきかという観点で論じることとする．

設計者の多くは，最終製品である自動車を構成する部品やシステム（又はその一部）を担当している．すなわち，必ず自分が設計している部品やシステムを包括する上位のコンポーネントやシステム，もしくは最終製品である自動車が存在する．一方で，自分の設計する部品やシステムが最下層の構成要素でない限り，自分の設計する部品やシステムが包括する下位の構成品やサブシステムも存在する．

図3.3に示すように，変化点を考える際には，この階層構造をしっかりと意識することが重要である．なぜならば，自分の担当する部品やシステムでの不具合が，上位のコンポーネントやシステムに対し，更には最終製品である自動車に対し，どのような影響を及ぼすのかを知っておかなければ，自分自身が何を防がなければいけないかも分からないからである．同様に，下位の構成品や

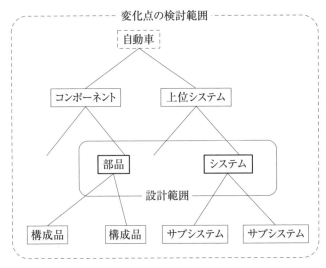

図 3.3 部品やシステムの階層構造

サブシステムが自分の部品やシステムにどのような影響を及ぼすかも知っておかなければ，自分が何に注意しなければいけないか分からない．

変化点を抜けもれなく把握するためには，このような全体的な視点を持つことが必要不可欠である．

次に，変化点を洗い出すことになるが，ここで，図 3.4 に示すような 2 つのアプローチが考えられる．1 つは，おそらく設計者ならば誰でもやっていると思われるが，設計仕様や使用環境などから，変化点を洗い出し，部品やシステムが受ける影響を考え，それが階層構造全体へ及ぼす影響を判断するという順方向のアプローチである．

図 3.4 変化点を探索する 2 つのアプローチ

もう1つは，先ほど説明した階層構造全体に対し悪影響を与えるであろう，部品やシステムにとって望ましくない現象を考え，そのような現象を引き起こすような変化点がないかを探し出すという逆方向のアプローチである．例えば，上位のシステムで，排気ガスの逆流という不具合が起こるとしたら，どんな場合かを考えてみる．すると，それは自分の設計した部品の中に使っている，整流弁が半開状態で固着したときであると分かる．では，実際の使用環境や構成部品の何が変化したら，整流弁が半開状態で固着するという現象が起きるのか，という具合に，変化点を探索していく方法である．

これは，どちらのアプローチが優れているか，というよりはむしろ，互いに補完しあうものと考えるほうが妥当であろう．2つのアプローチを併用することで，抜けもれを極力減らしていけるものと考える．

抜けもれをなくすためには，もう1つ重要な視点がある．順方向のアプローチであれ，逆方向のアプローチであれ，いきなり無の状態から考えることはできない．それでは単なる思いつきだけで終わってしまう．そこで，考えるに当たっては，ベースとなるものを準備しなければならない．では，何をベースにするのがよいのか．

幸いなことに，世の中にはこれまでに数多くの失敗経験が蓄積されている．自社，自部署の中にも相当数の失敗経験（先人の知恵）が蓄積されているであろうし，競合他社や，更には異業種における失敗経験（隣人の知恵）まで含めれば，最強のデータベースが既に存在しているともいえる．これを活用しない手はない．

品質問題の90％は既知であり，過去に起こった問題の再発であるとの調査結果もある（本田[5]を参照）．そうであるならば，自社内だけでなく，広く世の中の失敗事例から，どのような変化点により，どんな不具合が引き起こされたのかを調べておくことで，かなりの抜けもれを防ぐことができるのではなかろうか．

過去の失敗事例，いわゆる過去トラ（過去のトラブルの略）をベースにしたチェックリストに基づき，設計している設計者も多いと思われるが，それにも

3.4 抜けもれを防ぐための視点

かかわらず，抜けもれがしばしば起こっているのが現実である．これは，過去トラを見ることが役に立たないからではなく，全く同じ部品やシステムにおいて，全く同じ状況でないと活用できないような書き方がされていることに起因する．全く異なる部品やシステム，全く異なる業界の製品まで，広く過去トラを集めて，それを活用できるような形で整理する，という視点が欠けていることが大きな問題なのである．

例えば，融雪剤が侵入して，グリースが劣化した，という過去トラがあったとして，これをそのままの形でチェックリストにすると，融雪剤の侵入によるグリース劣化がないこと，という記述になる．設計者は，融雪剤の使用量や侵入経路に対する変化点がないかだけを確認し，問題なしと判断をすることになる（実際にはこんな単純なミスを犯す設計者はほとんどいないだろうが）．しかし，少し適用範囲を拡大して考えてみれば，侵入して困るのは，何も融雪剤だけでないことは明白である．図3.5に示すように，融雪剤以外にもさまざまな液体が考えられるし，更に液体ではない，空気中の浮遊物もグリースを劣化させることになる．空気中に何が浮遊しているのだろうか，という視点で使用環境を調べれば，黄砂が大量に浮遊している，といった変化点を発見できることになる．また，これらの物質が侵入して劣化するのは，グリースだけかといえば，そんなことはなく，他にも数多くのものが劣化する恐れがある．

このように特定のものだけに限った捉え方ではなく，より上位の包括的な概念で解釈することで，全く異なる製品で起こった過去トラからも，有益な情報

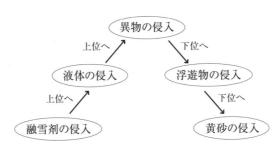

図 **3.5** 上位の包括的な概念

を得て活用することができるようになる（中尾[1]，畑村[3]，濱口[4]を参照）．

以上をまとめると，抜けもれをなくすために，重要な視点が3つある．

① 担当する範囲の上位・下位まで含めた系全体に対して考えること．
② 順方向だけでなく，逆方向からもアプローチしてみること．
③ 広く世の中の過去トラから，上位の包括的な概念を捉えること．

これらを踏まえて，実際に変化点を把握する際には，設計者だけでなく，評価部署はもちろんのこと，品質保証部門やサービス部門など，幅広く関係部署の意見も吸い上げて，現物を見ながら行うことが必要である．そして，先人たちが，どのように思考してきたのかに思いを馳せながら，抜けもれを防ぐ努力をしなければならない．なお，過去トラの活用の仕方については，次章で改めて述べる．

3.5 知見の継承

設計者が自らの思考で，抜けもれなく変化点を洗い出し，品質問題を未然防止するべく努めるのが，本来の姿であるが，一方で，これまで述べてきたように，抜けもれなく変化点を網羅することは，決して容易ではない．抜けもれなく変化点を把握するためには，実に広範な知識と全方位的な調査を必要とし，設計者にとっては，多大な負担となる．そこで，どうすれば設計者の負担を軽減することができるか，検討を加えて，この章の結びとしたい．

設計者が新規に設計をするといったときに，一から十まで全て新規に図面を作成する，ということはまれである．変更の程度の差はあれど，ベースとなる何らかの図面が存在する．そのベース図面を設計した先人がどこかにいるはずである．

そして，先人もまた設計をする際には，さまざまな変化点や多くの懸案事項に関して詳細な検討や解析を行い，それに対する対応策を織り込んだことは想像に難くない．

最近は3D設計など，支援ツールを使うことで，容易に設計寸法をストレッ

3.5 知見の継承

チしたり，トリムしたり，あるいは曲率を変えたりもできるし，周辺部品との干渉チェックすら簡単にできてしまう．設計効率の向上が図られた一方で，安易な設計変更が増えてしまうことが懸念される．先人が，わけがあって，あえて図面に残したものを，そのわけを知らずに変更してしまうことで，品質問題を起こすケースもしばしば見られる．

設計者には，先人が残したわけ，思考の跡をしっかりとたどりながら設計することが求められるが，毎回設計するたびに，過去何十年にも遡って検討を加えるのも現実的ではない．そこで，過去の知見をうまく継承して，活用していくことも考えなければならない．

これまでにも数多くの設計手順や評価基準などが，設計標準の形にまとめられ，実際の設計業務で活用されている．これらの標準は，多くの場合，誰でも，すなわち，経験の浅い初心者であっても，一定レベル以上の設計ができるようにと，分かりやすく簡潔に，何をすべきかが記載されている．反面，なぜこうしなければいけないのか，こうしないと何が問題になるのか，といったわけや先人の思考過程までは触れておらず，変化点があった際に，この標準の通りにやればよいのか，それとも見直しをしなければいけないのか，正しい判断ができない．

知見として継承すべきものとして，何を設計根拠としたのかや，なぜそれが設計根拠としてふさわしいと考えたのかという思考過程こそが重要である．これらの知見を後世に伝えていくことも，設計者の責務の1つである．設計根拠となる解析結果であったり，計算メモであったり，その計算で使った前提条件など，重要な情報が個人の財産になってしまっているのが現状であり，場合によっては，書面やデータではなく，設計者個人の頭の中にのみ存在することもある．

これらの知見を，次の設計者が使えるように残していくことができればいうことはないが，現実はそう簡単な話ではない．書面やデータが残っているものはまだいいが，先人の思考過程といったものが書面に残されているケースはまれであり，時間の経過とともに，本人ですら記憶が薄れていってしまうもので

ある．

　したがって，設計者は1つのプロジェクトが終わったら，まだ記憶が鮮明なうちに，設計根拠や思考過程を，次の設計者が使える形にまとめておくことが，不可欠である．このようにして知見が継承されていくことで，変化点に対しての抜けもれがなくなり，的確な判断が下されるようになっていく．設計することだけが，設計者の設計行為ではなく，設計した後の知見継承までが，設計者の重要な設計行為であることを認識しなければならない．

　以上，設計者が苦労している変化点に，いかにして気づくべきかを述べてきた．まとめると，次のようになる．

　① 本人の意志によらない変化点を見落とさないこと．
　② そのために，重要な3つの視点で考えること．
　　・担当する範囲の上位・下位まで含めた系全体に対して考えること．
　　・順方向だけでなく，逆方向からもアプローチしてみること．
　　・広く世の中の過去トラから，上位の包括的な概念を捉えること．
　③ 設計が終わったら，設計根拠や思考過程を残すこと．

参 考 文 献

[1] 中尾政之（2013）：『「つい，うっかり」から「まさか」の失敗学へ』，日科技連出版社．
[2] （社）日本品質管理学会中部支部産学連携研究会編（2010）：『開発・設計における"Qの確保"』，日本規格協会．
[3] 畑村洋太郎（2000）：『失敗学のすすめ』，講談社．
[4] 濱口哲也（2009）：『失敗学と創造学』，日科技連出版社．
[5] 本田陽広（2011）：『FMEA辞書』，日本規格協会．

第4章　過去トラの把握と活用

前章でも少し触れたが，過去の失敗事例，いわゆる過去トラ（過去のトラブルの略）をうまく活用することが，開発・設計を行う上では欠かせない．過去トラを見落としたままで開発を進めてしまうと，同じ不具合が再発してしまうことにもつながり，最悪のケースでは，お客様に迷惑をかけることにもなりかねない．本章では，過去トラの把握と活用に関して重要な考え方を詳述する．

4.1　現　　状

過去トラについては，多くの場合，何らかの形で残すように，それぞれの職場なりに努力しており，全く何も残っていないということはまれであると思われる．とはいえ，過去トラの活用が十分かと問われれば，実際に過去に発生した品質問題と同じような問題が再発している事実もあり，自信を持って十分であるとはいえない現実がある．

過去トラの活用が困難であることには，いくつかの理由が考えられる．誰でも真っ先に思い浮かぶことが，最近の過去トラならば電子データ化もされているだろうが，少し古い過去トラになるともう記録が残っていないということであろう．あるいは残っていたとしても，どこかの書庫の奥深くにしまわれて，その所在を誰も知らないということも十分に考えられる．当時の担当者も別の部署に異動してしまって，現在の担当者には知る由もない，ということである．特に昨今は組織が細分化されすぎた結果として，この傾向が顕著になっている．

また，現在の担当者が過去トラの記録にたどり着けたとしても，その情報が不十分なことも考えられる．典型的なケースが，過去トラから導き出された設

計遵守事項だけが，設計標準や設計チェックリストに記載されているケースである．例えば，回転体の焼付防止のために，クリアランスを 2 mm とする，などの表現だけが設計標準に残されている．これを見た設計者は，金科玉条のごとく，どんな場合でもクリアランスを 2 mm で設計する．ところが，材質を変えたり，使用時の温度環境が変わってしまうと，材料の熱膨張による変形量が変わってしまい，2 mm のクリアランスを確保したにもかかわらず，焼付が発生してしまうこともないとはいえない．過去トラが残っていないと，検討の土俵にものらず論外であるが，このように中途半端に過去トラが残っていても，過去トラの前提条件や物理的な根拠が残っていないと，設計遵守事項を鵜呑みにし，自分の頭で考えない設計者を増やすという弊害を生む．

更に悩ましいことに，担当部品（又はシステム）については，過去トラの詳細が把握できたとしても，担当外の他部品（又は他システム）で起きた過去トラまで，全て把握することは，極めて困難である．しかし他部品の過去トラの中には，例えば，ボルト締結とか，溶接，はんだ付など部品によらず，何にでも共通して広くあてはまり，自分も知っておくと役に立つ技術に関するものもある．いわゆる要素技術と呼ばれるもので，工法や材料に関わるものをはじめ，最近だと半導体や電子制御，レーザ加工など，専門知識を要する技術もこれに該当する．

これらの過去トラ情報を個々の設計者が，別々に集めてくることは，いかにも非効率であるし，自ずと限界がある．これらの情報展開は，専門部署が横断的に行うことが望ましいが，これもやれ材料だ，やれボルトだ，溶接だ，半導体だ，と四方八方の事務局から情報が飛んできても，受ける側の設計者からすれば千本ノック状態になってしまい，到底受け止めきれるものではない．実に頭の痛い問題といえる．

ここまで述べてきたことをまとめると，過去トラの活用における困りごととして，

① 過去トラの情報が残っていない（残っていたとしても，その在り処が分からない）．

② 過去トラの結果の設計遵守事項だけが残っており，その根拠が残っていない．

③ 担当部品（又はシステム）以外の過去トラまでは，把握しきれない．

の3つが，最近の傾向として顕著なものである．

4.2 過去トラの蓄積

設計者は，設計をするに当たっては，過去トラだけでなく，競合車情報や，車の使われ方など，極めて多くの情報を収集し，検討を加えなければならない．過去トラの把握のためだけに，膨大な工数をあてがうことは事実上不可能である．

したがって，過去トラを容易に把握できるようにするためには，過去トラの発生に関わった当事者が，後の設計者のために必要な情報をきちんと残していくことが不可欠である．ただし，過去トラにも，さまざまなレベルのものがあるため，どこまでの情報を残していくのかを明らかにしておかないと，人によって残し方に大きな差ができてしまう．極端なことをいえば，メールに添付ファイルを付け忘れた的なレベルの過去トラまで全てを残していったら，あまりに膨大な量の過去トラに，受け取る側も，何が本当に大事なことなのか，判断がつかず，結局何も見ないのと同じになってしまう恐れがある．

ここまでのレベルという線引きをすることは，簡単ではなく，提供する製品・サービスによっても変わってくるであろうし，一律に決めていいものではない．とはいえ，市場問題となったものは，必須であることは言うまでもなく，また社内にとどまった問題であったとしても，多くの関係部署に多大な影響が出て大きな節目の会議で取り上げられたようなものについては，残す対象にすべきであろう．

それ以外についても，いわゆる重要度，緊急度，影響度などから評価し判断することになるが，過去トラに関わった当事者だけで決めてしまうのではなく，さまざまな過去トラ情報に触れている専門家（もしくは，各設計部署を束ねる

統括部署）に，横並びでレベル感を合わせてもらうのがよい．なお，ここで特に言及しておきたいことは，展開範囲を踏まえて，残す対象を決めることが重要であるということである．過去トラからどんな教訓が得られ，その教訓がどこまで広い範囲で使えるものなのか，という観点から，その重要性を判断することが望ましい．この展開範囲に関しては，次節で詳述したい．

　さて，過去トラとして蓄積すべきものが定まったならば，次は，その過去トラに関してどんな情報を残せばよいのか，という問題に突き当たる．人によって，残す内容にばらつきがあると，設計への織り込みを検討しようにも十分な活用ができない．よくある過去トラ集では，不具合を起こした対象物に対し，不具合現象＋原因＋対策の3点セットの形で残されている．中には，不具合現象なのか，原因なのか判然としないような表現のものも見受けられるが，何がどうしてどうなった，という内容が書かれていることが多い．

　また過去トラの再発防止内容が，チェックリストなどに，禁止事項もしくは遵守事項として，書かれているものも多く見受けられる．この場合には，前項でも述べたように，根拠などが不明なため，前提条件や使用環境が変わっているのに，そのことが考慮されずにチェックリストの内容が踏襲され，後で問題となることもしばしばある．中途半端に情報を残すことにもよくよく注意すべきである．

　当たり前のことではあるが，過去トラを残す意味は，次の設計に反映させるためであり，次の設計者にとって有益な情報を残す必要がある．どんなことに配慮しなければいけないのか，どこまで思いを馳せて設計しなければいけないのか，設計者が気づくことができるようにしなければならない．

　この観点から，過去トラに関して，最も重要なことは，メカニズム（因果関係，物理法則に裏打ちされた根拠）を残すことである．不具合現象＋原因＋対策の3点セットがあれば，十分のように思われがちだが，ここで注意が必要である．不具合現象に至ったメカニズムというものは，決して単純なものではなく，表面的な原因だけを記述しても不十分である．

　例えば，回転体の焼付という不具合現象に対し，原因をクリアランス不足と

4.2 過去トラの蓄積

書いたとしよう．しかし，これでは，なぜクリアランス不足になったのか，が全く分からない．また，クリアランスさえ大きくとれば，絶対に焼付が発生しなくなるのか，を保証することもできない．

多くの不具合現象は，複数の原因が絡み合って発生しており，また，それらの原因に対しても，その原因を引き起こした二次原因が存在する．回転体の焼付の例でいえば，原因は，クリアランス不足以外にも，潤滑剤の劣化も複合要因としてあったかも知れない．また，なぜクリアランス不足になったのかといえば，剛性不足で偏心量が増加したことによるものかも知れないし，使用環境が変わり熱膨張による変形量が増加したことによるものかも知れない．剛性不足が原因だとしたら，なぜ剛性不足になったのか，といった具合に，原因といっても，多重構造になっている．このように，不具合現象に至った因果の連鎖を抜けもれなく，かつ階層構造として記述することで，ようやく設計者が何に配慮しなければいけないのかが明確になり，本質的な対応ができるようになる．なお，図4.1に回転体の焼付における因果の連鎖の例を示す．

更に，原因についても，ストレスとストレングスの2つに分解することで，知見としての再利用性が向上する．ここで，ストレスとは，表4.1に示すよう

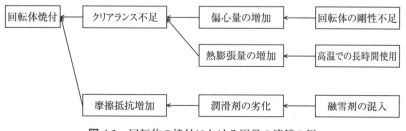

図 4.1　回転体の焼付における因果の連鎖の例

表 4.1　ストレスの種類

機械的なストレス	剪断応力，圧縮応力，曲げモーメントなど
環境的なストレス	熱，湿気，黄砂，紫外線，融雪剤，泥水など
使われ方のストレス	スチーム洗浄，クラクション多用，断続運転など

に，機械的な応力だけに限定されるものではなく，熱や湿気，黄砂，紫外線などの環境条件や，スチーム洗浄やクラクション多用などの使われ方も含め，対象となる部品やシステムに加えられる負荷すべてを指している．

ストレングスとは，そのストレスに対する耐性のことである．不具合現象は，基本的には，ストレングスを上回るストレスが加わったことによって発生する．すなわち，表4.2に示すように想定外にストレスが増大してしまったか，逆に，劣化などにより，ストレングスが低下してしまい，その結果として，ストレスがストレングスを上回ってしまった，あるいは，そもそも，全く想定していないストレスがあり，それへのストレングスを確保していなかった，のいずれかである．不具合の原因をストレスとストレングスの相対関係として記述する方法については，田村[1]に詳しいので，ここでは詳細は割愛する．

表4.2 ストレスがストレングスを上回るパターン

ストレス	＞	ストレングス
想定を上回るストレス		狙い通りのストレングス
狙い通りのストレス		経年劣化やばらつき大によるストレングス低下
想定していなかったストレス		設計段階で，ストレングスは未考慮

残すべき情報が定まったら，後は検索性を考慮した入れ物を用意し，そこに蓄積していくだけである．一見，簡単なことのようだが，実際に広く設計者に活用されるものを作ることは容易ではない．過去トラのデータベースを作成しているところは数多くあるが，設計者に使ってもらうために，相当に苦労をしているようである．せっかく作ったデータベースの操作性やレスポンスが悪かったり，最新情報への更新が不十分だと，欲しい情報をすぐに見つけられず，設計者から敬遠されてしまうのである．現実に直面する厄介な問題であるが，データベース化をするならば，決してシステムエンジニア任せにはしないことである．保守費用を惜しまず，専任の管理者を置いて，ユーザビリティ確保を最優先にする努力を怠ってはならない．

4.3 知見の抽出

これまでは，残すべき過去トラがあり，そこから得られた知見がある，という前提で，どのように蓄積すべきか，について論じてきた．しかし，そもそも残すべきとした過去トラから，どのような知見を汲み取り，残していくのか，これが実は極めて重要である．なぜならば，そこで得られた知見が，あまりにも特殊な場合に限定される，あるいは特殊な条件下でしか成立しない内容であったとしたら，状況が異なる次の設計時には，全くあてはまらないことになり，参考にする意味がないからである．

過去トラから知見を抽出する際には，横展開が可能な範囲を意識しなければならない．全く同一の部品（又はシステム）にしか横展開できないのか，同一ではないが，類似の部品（又はシステム）にも横展開できるのか，はたまた，全く異なる部品（又はシステム）にまで横展開できるのか，は知見の内容次第である．言うまでもなく，全く異なる部品（又はシステム）にまで横展開できる知見が，最も活用されやすいという意味でベストである．

例えば，酸素濃度センサで，端子部の樹脂コーティング劣化による短絡という過去トラに対し，酸素濃度センサに対してだけしか適用できない知見として残すのか，加速度センサのような類似部品にも適用できるようにするのか，更に，センサとは全く異なるスイッチやアクチュエータなど，電装品全てに適用できるようにするのかによって，横展開できる範囲が大きく変わってくるということである．

また，適用できる部品（又はシステム）の種類を増やすことだけが，展開範囲の拡大ではない．同じ部品で，同じ現象が発生したとしても，全く同じ原因で発生したものにだけしか適用できない知見として残すのか，原因が異なる場合まで含めて，同じ現象を発生させないための知見として残すのかも重要なポイントである．先の例でいえば，センサが短絡故障をするのは，何も端子部のコーティング劣化だけで起こるわけではない．はんだ不良で発生するかも知れないし，異物の侵入によることも考えられる．展開範囲を拡張する際のパター

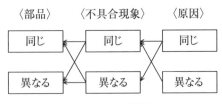

図 4.2 展開範囲の拡張パターン

ンを図 4.2 に示す.

このように適用できる部品（又はシステム）を広げていくためには，起こった不具合現象を特定の部品（又はシステム）固有の技術表現で残すのではなく，一般的な技術表現に置き換えて，知見化しなければならない．また要素技術的な知見として，部品（又はシステム）に依存しない内容にまで深掘りを行っていないと，適用範囲が限定されてしまう．樹脂コーティングに原因があるとすれば，樹脂材料という観点から，同じ樹脂を用いているさまざまな他部品への応用が利く知見として残すことが必要である．あるいは故障モードの短絡に着目して，短絡が起こり得るあらゆる部品（又はシステム）に適用できるような教訓を汲み取るべきである．

すなわち，過去トラから，知見を抽出するには，図 4.3 に例示するような上位の包括的な概念が何か，に思いを馳せながら，普遍的な教訓としなければならない（中尾[4]，畑村[5]，濱口[6] を参照）．そのためには，上述した，要素技

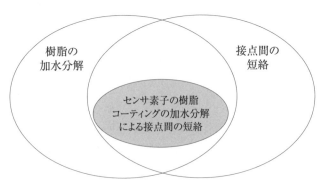

図 4.3 上位の包括的な概念

術（材料，工法など），故障モードの他にも，使用環境（ストレス，使われ方など）や，仕事のプロセスといった視点から整理してみることが重要であり，過去トラに対する振り返りを関係者全員でしっかり行っておかなければいけない．

振り返りでは，往々にして，責任追及・犯人探しに陥りがちだが，それをしてしまうと，決して誰も本当のことを言わなくなり，表面的な事実のみに終始し，核心の部分を知見として残すことができなくなる．決して，責任追及はしないこと．もう1つ，自責の問題点にばかり焦点を当ててしまうと，裏事情が陰に隠れて出て来なくなるため，他責の問題点についても，率直に意見を出し合うことが，意味のある振り返りを行う上では，極めて大切なことである．

過去トラから知見を抽出する段階で，いかに普遍的な教訓を引き出せるか，が過去トラを次に活かしていくためには，最も重要なポイントになることを忘れてはいけない．

4.4　過去トラの活用

過去トラから，普遍的な教訓を知見として抽出し，きちんと蓄積できるようになったら，それを次の設計者が実際に活用していけるようにすることが求められる．前述した通り，単純に過去トラデータベースにすればいい，というものではない．いくら使い勝手の良いものができたとしても，1つ根本的な問題が残っている．それは，どこまでいっても，自分たちが作る過去トラデータベースには，自分たちが経験した過去トラの情報しか登録されない，ということである．

つまり，エンジンの設計者は，エンジン及びその構成部品に関する過去トラのみを見ることになる．自動車の創業期のように，一人で，車体からエンジンから何から何まで全てを担当していた時代であればいざ知らず，技術が高度化・複雑化し，組織もそれに合わせて細分化されてしまった現在においては，自動車の全ての過去トラを見ることは不可能である．ましてや，自動車以外の

工業製品の過去トラに至っては，なおさらである．

せっかく，他の部品（又はシステム）の設計者にも活用できる普遍的な教訓を過去トラから引き出したにもかかわらず，その知見が，該当部品（又はシステム）の設計者にしか活用されないというジレンマがある．

世の中を見回してみると，既に過去何年にもわたり，数知れない貴重な過去トラの情報が埋もれていることに気づく．業種・製品は全く異なれど，そこで得られた知見は，別の業種・製品に対しても広く活用できるものが多いことが分かる．

一例でいえば，1999年11月15日のHⅡロケット8号機打上失敗と2004年8月9日の美浜原子力発電所での配管破裂事故は，全く異なる業界，異なる製品であるが，どちらも90°に曲げたエルボ配管内でキャビテーションが発生したことが原因となっている．2001年11月7日の浜岡原子力発電所での配管破裂事故は，キャビテーションではないが，90°に曲げたエルボ配管で発生している．2005年1月15日の松下電器石油ファンヒータでのCO中毒も，S字エアホースの劣化で発生している．故障モードはそれぞれであるが，曲げた配管，ねじれた配管には要注意であることが，これらの事例から窺い知れる．

以上のように，自分の担当する製品とは全く異なる業界の過去トラからも，十分に活用できる知見を得ることができることから，設計者は広く世の中の過去トラについても見聞を広めることが望まれる．とはいえ，他業種まで検索の範囲を広げてしまうと，調べなければいけない過去トラの量は尋常ではなくなり，限られた開発期間の中で設計者が全てを見きれるものではない．

そこで，1つの提案としては，過去トラの典型的なパターンをいくつかに分類し，その一覧を活用することである．上述した"曲げた配管・ねじれた配管に要注意"というようないくつかのパターンを準備しておくことで，世の中の過去トラを全てとは言わないが，かなり活用できるようになるのではないだろうか．パターンの分類としては，中尾[2], [3]なども参考になる．これらによると，幸いなことに，過去トラのほとんどは，60程度のパターンでほぼ網羅できるという．人は過去から何度も同じような失敗を繰り返しており，それを活

用しない手はない．

4.5 ま と め

過去トラの活用のためには，まず過去トラの記録をきちんと残していくことが大前提となる．それもただ残すのではなく，次の設計者に考えを促すように，結果だけではなく，メカニズムや根拠を明確にすることが不可欠である．

更に，残すべき知見は，他部品（又はシステム）においても，活用できる普遍的な知見となるように，要素技術，故障モード，使用環境，仕事のプロセスといった切り口で上位の包括的な概念としてまとめておくことが重要である．

そして，最後に，他業種・他製品の過去トラまで範囲を広げ，過去トラのパターン分類を行い，自業種・自製品に活用できるようにしていくことで，設計の質を高め，未然防止をはかることができる．

参 考 文 献

[1] 田村泰彦（2012）：『SSMによる構造化知識マネジメント』，日科技連出版社．
[2] 中尾政之（2005）：『失敗百選』，森北出版．
[3] 中尾政之（2010）：『続・失敗百選』，森北出版．
[4] 中尾政之（2013）：『「つい，うっかり」から「まさか」の失敗学へ』，日科技連出版社．
[5] 畑村洋太郎（2000）：『失敗学のすすめ』，講談社．
[6] 濱口哲也（2009）：『失敗学と創造学』，日科技連出版社．

第5章　つくりやすい構造の追求

　設計技術者には性能・機能の達成に加えて製造工程でつくりやすい構造を追求することも求められる．その際，単なる"製造要件"だけでなく，企画段階から量産化設計，生産準備，そして量産維持管理まで全体を通して見渡してみると，より本質的な対応を設計に織り込むことができる要素がたくさんあることが見えてくる．本章では，設計段階でばらつきを把握することによるボデー精度向上事例，気遣い作業の排除と部品の荷姿の改善を目指した事例を紹介する．

　なお，本章は第2章と同様，河合[1]のエッセンシャルな部分に基づいて作成したものである．

5.1　ボデー精度の向上

　部品でも車両でも必ずばらつきが発生する．図5.1にボデープレス品のばらつきへの対応事例を示す．量産維持管理の中でばらつきは安定しているが中央値がずれていく場合は，一般的に型などの摩耗した分などを修正して中央値を元に戻す．一方でばらつきが拡大して管理限界に達したものはボデー板金治具のレベルアップやプレス品の精度を見直すことなどが行われる．このような状況の中，本来，設計技術者には正寸を目指した設計構造を追求し続ける視点が必要である．量産維持管理段階でばらつきが大きいものに対しては，根本対策として製品構造を変えてばらつきを縮小することが必要な場合もある．部品が悪いのか，治具が悪いのか，製品構造が悪いのか，そのばらつきが発生する要因を，設計技術者が生産技術者・製造技術者とともに量産維持管理データに基

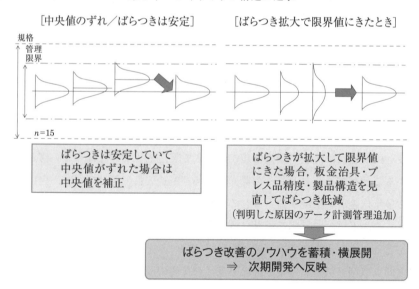

図 5.1　ばらつきへの対応事例

づき解析し，その対策を次の開発の早い段階で織り込んでいくことはボデー精度を絶え間なく向上していく上で極めて重要である．

5.2　気遣い作業の排除

製造工程にはさまざまな気遣い作業が存在する．気遣いをしながらの作業はばらつきを生み，工程内不良の原因ともなることから，設計技術者は設計段階から，更に試作段階においても部品の積載方法や作業姿勢，作業手順の最適化を目指し，改善を加えながら検討する必要がある．

気遣い作業の排除に当たっては，設計・生産技術・製造が一体となり，全ての部品，全ての工程で気遣いの有無を徹底的に調査することから始める必要がある．図 5.2 に気遣い作業の排除を目指した仕事の手順を示す．

この手順に従って，気遣いのない工程ができれば，工程内の不良も減少する．そして，工程内不良が発生したら，それが 1 件であっても原因を追究し，そ

5.3 部品の荷姿の改善

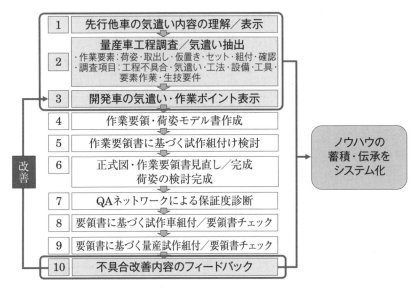

図 5.2 気遣い作業の排除を目指した仕事の手順

の工程を改善し,更に他工程へもその内容を横展開し,次期開発では最初からそれを織り込んでいくようにしていくことで,工程内不良ゼロに一歩ずつ近づいていくことができる.

5.3 部品の荷姿の改善

　製造工程における組付け作業の全体を見渡してみると,部品の荷姿が組付け作業改善の大切な要素であることが見えてくる.一般的に部品の荷姿は運搬効率を優先し,隙間なく詰め込まれている場合が多い.そのため,部品が組付け工程に持ち込まれる前に,部品をわざわざ小箱に入れ替えて供給を行っていることもある.また,部品の組付けを考慮して梱包されていないため,組付け工程では部品の持ち替え作業を強いているケースもある.これらのムダを排除するためには開発初期段階から気遣い作業の少ない荷姿を検討することが有効である.

荷姿の改善には，部品の組付け工程における手元化と持ち替えのない作業が鍵となる．部品製造工程から次工程での取出しや投入の仕方を考慮した荷姿を次工程の作業者と一緒になって検討し，工程の治具の並び，部品の供給，その部品を作業者がどう取って，どう組付けるか，それを前提としてどのような荷姿で納入するのかを決めることが必要である．以上を開発初期段階から設計技術者と生産技術者，製造技術者，そして部品の仕入先が協力して一体となった活動を実施していくことが重要である．

5.4 つくりやすい構造の追求に向けて

一般に，設計技術者は"製造要件"を設計に織り込む場合，適正な公差を製造工程に示すことができれば，その公差を守ることは生産技術と製造工程の仕事であると考えていないだろうか？

設計技術者自らが，実際の製造工程の現状やつくり方を把握し，生産上の制約や課題を理解した上で，根本対策を図面に織り込んだ設計を行うことは，より高い品質と生産性の向上につながっていく．

本章で紹介した事例のように，設計技術者が開発の初期段階から製品精度や作業性などを考慮し，生産技術者・製造技術者・仕入先と一体となって具体的対応を設計に織り込んでいくことが，本質的な"つくりやすい構造の追求"につながっていくものと考える．

参 考 文 献

[1] 河合利夫（2010）:『開発〜生準における自工程完結に向けた活動』，トヨタ自動車(株)TQM推進部．

第6章　ライフサイクルを考慮した設計

　一人の"お客様"として購買行動を考えた場合，一般的には性能・機能やスタイルなどの商品価値が商品価格と見合ったものであるかどうかが優先されるのではないだろうか？　一方で，耐久消費財の場合は特に購入後の故障の頻度とその修理にかかる費用やその際の応対の気持ちよさも重要である．"よく壊れる．長く待たされる．直す費用が高い．応対も悪い．"となったら，どう感じるであろうか？　さらに，廃棄費用が高額であったり，廃棄時の環境への影響が懸念される場合，どう感じるであろうか？

　自動車を例にとると，性能・機能やスタイルなどは商品を手にした段階でその価値が分かる．しかし，修理費用や応対及び廃棄費用や環境への負荷は耐久性・信頼性と同じくそれを経験するときに初めて大切さを実感するものである．したがって，これらの要素は，メーカーが自ら世に送り出す製品のライフサイクルを俯瞰して，あらかじめ製品設計に織り込んでおく必要がある．すなわち，メーカーには，"性能要件"と"製造要件"に加えて，他の工業製品と比較して長いライフサイクルの間に，生産拠点から販売店まで運ぶ"輸送要件"，用品などでカスタマイズする"用品取付要件"，お客様が実際に使用する"使用環境要件"，点検・整備・修理のしやすさを考慮した"サービス要件"，そして製

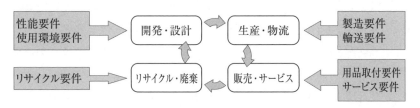

図6.1　自動車のライフサイクルと設計要件

品寿命を全うした後の"リサイクル要件"まで網羅することが求められる（図6.1）.

本章では，これらの要件のうち，お客様に直接影響が大きい"サービス要件"と資源の有効活用の観点から重要度の高い"リサイクル要件"について，自動車を例にして紹介する（図6.2）.

図6.2　考慮すべき設計要件

6.1　サービス性を考慮した設計

工業製品におけるカスタマーサービス（以下，サービス）において最も優先されるべきことは，点検整備や故障修理においてお客様の安全を守り，安心を提供することである．その活動を通してお客様の信頼を勝ち取ることができれば，お客様との継続的な関係性を維持でき，自社の"ブランド"が守られ，持続的に収益を得る可能性が高まる．

日本において"サービス"という言葉を最初に使ったのは日本自動車会社の社長石沢愛三氏であり，石沢氏が大正末期に米国を視察した際，米国の自動車販売に"サービスステーション"が大きな成果を上げていることを知り，日本でもサービスステーションを広めようと取引先各社に呼びかけたことが始まりとされる[1]．

一方で，1900年代の半ば，"Made in Japan"の工業製品は"安かろう，悪かろう"と揶揄された．その後，日本のモノづくり産業は，デミング博士の教

6.1 サービス性を考慮した設計

えと欧米製品に学び，必死の思いで地道な改善を積み重ね，"品質"を向上させてきた．

自動車もその1つであり，第2章で述べられたように，設計技術者が自工程完結を目指して"設計品質"を高めるとともに，製造の現場においては地道な改善による"製造品質"向上を推進している．詳しくは，河合[2]，佐々木[3]，日本品質管理学会中部支部産学連携研究会[4]を参照されたい．一方で，自動車は商品としてお客様の元に届けられた後，比較的長い保有期間を持ち，あらゆる道を走る．1台として同じ使われ方はなく，開発段階において市場で起こり得るすべての事象を想定し，あらかじめ対応を織り込んでおくことは極めて困難である．万が一の事象も起こり得る．そういった事象を未然に防ぐための整備の技術や，万が一の事象が発生した際に，正確かつ親切に対応する修理・診断の技術を高めていくことは，お客様の安全と安心を確保するとともに保有維持費の低減にもつながり，またお客様と販売店の接点を活用してお客様との継続的な関係性を維持し信頼を勝ち取っていく上での基盤となる．

本節では，広義にわたる"サービス"の領域の中から，自動車における整備・修理・診断に絞り，"サービス性を考慮した設計"に関して具体的な事例とともに紹介する（図 6.3）．

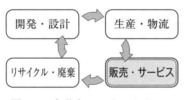

図 6.3　自動車のライフサイクル

6.1.1　良いサービスを実現するための要素

前項で述べたように，整備・修理・診断の技術を高めていくことはお客様との継続的な関係性を維持していく上で基盤となる．

より良い整備・修理・診断の技術を提供していくためには，"製造品質"と

同じように 4M（Man, Material, Machine, Method）の要素で整理すると分かりやすい．

図 6.4 に自動車販売店の現場におけるサービスオペレーションの流れを示す．この流れにおいて実際に作業を行うのは販売店の整備技術者（メカニックエンジニア）であり，多種多様なお客様の要求と使われ方に対応するためには，整備技術者の技量すなわち"人"の能力に依存する部分が多く，"品質"を一定レベルにそろえにくい．

したがって，"良い技量を持った整備技術者の育成"に加えて"良い素材（整備・修理・診断性の良い自動車）の提供""良い作業補助工具・機器類の配備""良い技術情報（修理手順書など）の整備"が不可欠となる．

中でも"良い素材（整備・修理・診断性の良い自動車）の提供"は"整備・修理・診断品質"のばらつきを押さえ，向上させていく上で出発点となる．

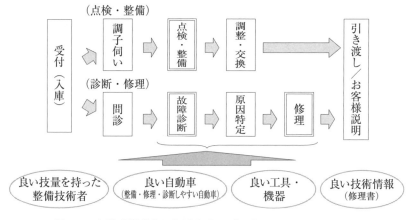

図 6.4　自動車販売店におけるサービスオペレーションフロー

6.1.2　整備・修理・診断性を考慮した設計事例

自動車を開発・設計するに当たり，まず設計技術者はお客様の使われ方や法規制などに基づき性能やコストなどの要件を洗い出す．その際，整備・修理・診断性も要件として同時に想定しておくことが重要である．ただし，現実には

6.1 サービス性を考慮した設計　　　　　　　　67

全ての要件を100％満たすことは難しい．例えば，頑丈なクルマを作り衝突性能を上げれば，車体が重くなり加速性能や操縦安定性が損なわれる，といった具合に自動車の開発・設計過程は，常に二律背反する性能の両立が求められる（図6.5）．整備・修理・診断性の良い自動車を実現するためには背反する性能・要件をいかに両立させるかが鍵となる．

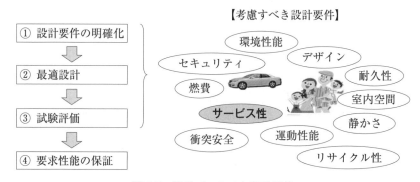

図 6.5　開発プロセスと設計要件

(1)　整備・修理性の良い自動車

整備・修理性が他の性能要件との背反となるケースの多くは，車両性能要件，外観デザインからくるスペース要件やコストとのせめぎ合いであり，性能・デザイン・コストを優先した結果，整備技術者に"やりにくい作業"を強いるケースが見られる．やりにくい作業は整備や修理の作業時間を増加させ，その結果，お客様を長くお待たせすることとなり，また，お客様が負担されるメンテナンス費用の増加にもつながる．"あの会社のクルマは壊れると長く待たされる．また費用も高い"といった印象や評判につながってしまうと，お客様との継続的な関係性が維持できなくなる．更に，そうした自動車を世の中に出してしまうと，10年以上の長い間，販売店の整備技術者，ときにはお客様ご自身が整備や点検する際にやりにくい作業を強いてしまうことになりかねない．こうした結果を防ぐために，整備・修理性の要件をあらかじめ明確にし，開発の初期段階において，要求性能，整備性要件など，背反要件を両立させた例を図6.6に示す．

第 6 章　ライフサイクルを考慮した設計

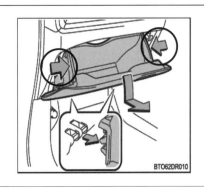

グローブボックスの脱落，剛性，サービス性の両立
収納箱というグローブボックスとしての機能（剛性や大きさ，デザイン，締結方法）と脱着性（作業手順やストッパー解除荷重の定量化）の両立を行い，二律背反を解消．

図 6.6　グローブボックスの奥にあるエアコンフィルタの交換性向上
　　　　　（助手席グローブボックスの脱着性向上）

　自動車に装備されているエアコンフィルタは定期的に交換する必要がある．ところが，エアコンフィルタは車両助手席に設けられているグローブボックスの奥に設置されていることが多く，交換作業を行うにはグローブボックスを脱着する必要がある．すなわち，エアコンフィルタを交換するにはエアコンフィルタへのアクセス性を考慮した脱着性に優れたグローブボックスの設計が必要となる．図 6.6 はグローブボックスの"物入れ"としての機能を果たすためのサイズ，剛性・強度，デザインなどの必要な要件と整備技術者が分解，脱着するために必要な作業条件や要件を明確にし，どちらの要件も満たした最適解を導き出した好事例である．

　こうした設計を実現するためには整備・修理性の要件を明確にし，開発の早い段階（タイミング）でコストやデザイン，性能要件と同じ土俵に乗せ，開発を進めることが不可欠である．そのためには，メーカーのサービス技術者が設計技術者に対して事実とデータに基づいた要件を提示した後，開発の初期段階で，設計技術者とサービス技術者がお互いに知恵を出し合って最適解を導き出

(2) 診断性の良い自動車

昨今のお客様の自動車に対する期待値の上昇に伴った制御の複雑化・電子化はサービス現場での難易度を一層高いものにしており，診断性向上の重要性が増してきている．サービス現場では図 6.7 に示すように"エンジンがガタガタする"のような"お客様の言葉"で困りごとを伺い，問診や現車で状況を確認し，その上で，整備技術者は診断機器，技術情報（修理書など），知識・経験を駆使し，原因特定を行っている．

故障診断をシンプルにできれば，修理品質の向上にもつながり，知識・経験の浅い整備技術者でも電子制御系の故障診断が可能になる．一方で，論理的な故障診断フローはそれをサポートする技術情報も合わせて提供されることで整備技術者の応用技術力と考える力の向上にもつながる．

シンプルかつ論理的な故障診断フローを実現するには，設計技術者が作成した "FTA" に基づいて，設計技術者とサービス技術者が整備技術者の視点に立って "どうしたら故障部位を特定できるのか？ どうしたら点検手順を削減できるのか？" とともに考え，必要な機能（故障診断コードの細分化，センサの機能を引き出すプログラムなど）を自動車に織り込んでいく必要がある．実際に故障診断フローを改善した例を図 6.8 に示す．

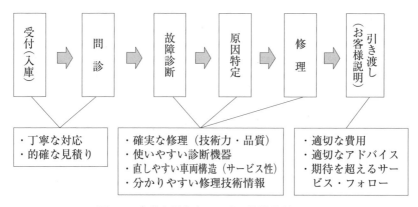

図 6.7　自動車販売店における故障診断フロー

図6.8は，"エンジンがガタガタする"という現象につながった故障診断コード（燃料圧力異常）は自動車に備わっていたものの，故障推定部品を特定するための診断機能が不十分だった改善前のケースを，FTAに基づき，よりシンプルに故障診断させるための機能を自動車に織り込んだ事例といえる．

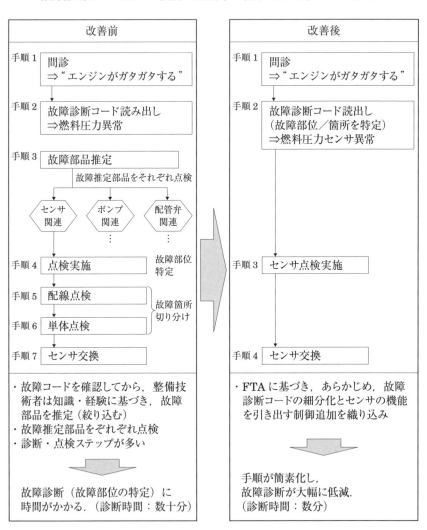

図6.8 エンジンアイドル不安定に対する診断の改善

設計技術者の考えに基づいて現状の診断機能を前提として診断フローを作成した場合，販売店の整備技術者のニーズが的確に反映されず，結果として診断ステップが長く，手間と時間がかかるフローとなってしまうことが多い．より分かりやすく，確実で迅速な故障推定部品の特定を行える手順の短い（＝時間がかからない）診断フローを実現するためには，メーカーの設計技術者とサービス技術者が設計技術者の作成した FTA を基に議論することが出発点となる．その議論を経て，故障診断コードを細分化するなどして詳細に検出させる工夫やそれを実現するためのセンサの機能を引き出す制御の追加などを織り込むことが実現する．なお，センサの機能を強化することはやみくもにセンサの数を増やすことにもつながりかねず，必要性を十分に吟味する必要がある．すなわち，サービス技術者が必要な機能（故障診断コードの細分化，センサの機能を引き出す制御の追加など）や要件（部品交換の削減，故障診断時間の低減など）を開発の初期段階で明示し，設計技術者とサービス技術者が協力して設計に反映することが重要である．

(3) サービス性の良い自動車を実現するための設計プロセス

"サービス性の良い自動車"を実現するには設計技術者が整備技術者の立場，実態に合った発想で開発を進めることが重要である．一方で，設計技術者をそういった発想に導くのは，メーカーのサービス技術者の役目である．図 6.9 に示す通り，"重要度"の高い項目を具体的な"設計要件"に落とし込み，開発の"適切なタイミング（初期段階）"において設計技術者とサービス技術者が"共に考えるプロセス"を構築することが不可欠である．

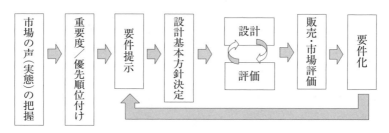

図 6.9 設計プロセス

6.1.3 まとめ

日本の工業製品は，一貫して品質管理の考え方に基づき"品質"を向上してきた．

最も重要な考え方は"後工程はお客様"との思想に基づき，設計・製造の各段階において各自がオーナーシップを持って"品質は工程でつくり込む"（＝自工程完結）ことである．

お客様の安全を守り，安心を提供し続け，お客様の信頼を確保し，お客様との継続的な関係性を維持していくためには整備・修理・診断の技術を地道に高めていくことが基盤となる．また，上流工程である設計の構想段階において，二律背反するさまざまな特性とともに整備技術者の立場に立った整備・修理・診断を考慮した設計を行うことは，"製造品質"と同じく，販売店の現場における"整備・修理・診断品質"を一定に保ち，向上していく上での出発点として極めて重要である．

（株）小松製作所の坂根相談役は日本科学技術連盟主催の第88回品質管理シンポジウム（2009年6月）において，"企業が生き残るためには，顧客にとってなくてはならない存在となる必要がある．差別化できないハードを供給するだけでのメーカーは熾烈な価格競争から逃げられない．付加価値の高いサービスの提供も必要となるであろう．日本の強みを活かし，ハードの供給のみならず情報・管理システムの提供などのソフトとして，技術支援サービスを強化する（製造業のサービス化）ことによって，日本の製造業の将来を切り開けるのではないだろうか."と述べられている（坂根[5]）．

本節では広義にわたる"サービス"の領域から自動車における整備・修理・診断という具体的な項目に絞り事例を紹介してきた．今後も日本の工業製品が世界中のお客様に受け入れられ続け，その結果として持続的に収益を得ていくためには，"地道な改善を積み重ね，品質は工程でつくり込む"という日本の製造業の強みを活かし，本章で紹介した事例のように具体的に自社の持つ保有技術を高めていくことに加えて，お客様にとってより付加価値の高いサービスを目指していくことがより一層求められる．その上で，サービス技術の一層の

6.2 リサイクル性を考慮した設計

資源は有限であり，人口の増加，新興国の経済成長，生活レベルの向上などによりその消費量は増加している．各種工業製品の生産に必要とされる鉱物資源の中でも，自動車部品に不可欠で偏在する傾向のあるレアメタルなどの資源は，近い将来枯渇が心配され，社会動向によって価格が乱高下している．

また，資源問題の一側面として廃棄物問題がある．廃棄物は源流対策で資源の有効利用を進めれば減少する．しかし現状は，処理場の不足，不法投棄，有害廃棄物の越境移動など，世界各国でさまざまな問題を抱えている．

先進国だけでなく，世界的なモータリゼーションの発達による自動車の大量普及は，廃棄物の大量発生につながる．各国における廃棄物の適正処分とリサイクルを促進するためには，"環境負荷が低い" "リサイクルしやすい" ことが重要である．

さらに，自動車リサイクル法だけでなく家電リサイクル法など，さまざまな法規制によってお客様ご自身にも製品の廃棄・リサイクルまで責任を負う世の中となって久しいが，従来，行政がその処理コストを負担してきた経緯もあって，お客様が必要としなくなったものへのコスト負担に対する抵抗感は少なからずあり，お客様の費用負担を低減していくことも必要である．

本節では，リサイクル性向上の出発点となる解体性に絞り，具体的な事例とともに "解体性を考慮した設計" について紹介する（図 6.10）．

図 **6.10** 自動車のライフサイクル

なお，本節で紹介する事例はトヨタ自動車(株)環境部[6]・トヨタ自動車(株)ホームページ[7]により詳しく紹介されているので参照されたい．

6.2.1 解体性を考慮した設計事例

解体性の向上はリサイクル・廃棄プロセスの出発点である廃車・解体作業において，解体事業者の負担を減らし，資源循環にかかるコストを低減することにつながる．すなわち，有価性の高い部品（素材）の価値（価格）が付随作業である"解体"や，運ぶための"物流"のコストなどより上回れば，解体事業者が適正な利益を得ることにつながり，経済原則に基づいたリサイクルの促進へとつながっていく（図6.11）．

開発・設計段階において，解体しやすい車両構造を実現した事例を図6.12，図6.13に示す．

自動車に使用されているワイヤーハーネスは多量の銅が使用されており，その再利用価値は高いが，人間の血管のように車全体に巡り回っている．銅の有価性を損なわないためには，ワイヤーハーネスを自動車から容易に取り出す

図6.11 資源循環（リサイクル・廃棄）における解体性の位置付け

6.2 リサイクル性を考慮した設計

(引きはがす) 構造的工夫が重要となってくる. 図 6.12 の事例では, 開発の初期段階において, ワイヤーハーネスが他部品と干渉することなく引きはがすことができるよう, ワイヤーハーネスの配置に設計的な配慮を行った. 図 6.13 に示したワイヤーハーネスプルタブ式アース端子は, 開発の初期段階において, 解体時におけるワイヤーハーネスの取り出しの阻害要因となっているアース端子をどのようにしたら容易に取り外せるかを設計, 仕入先, リサイクル担当者が議論・検討し, 実現した事例である. そのプロセスは前節のサービス性に配

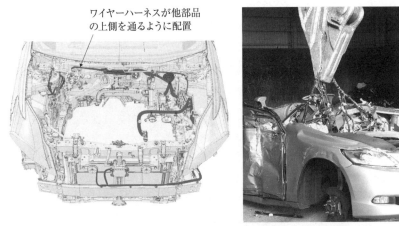

ワイヤーハーネスが他部品と干渉することなく, 引きはがすことができる取り回しを配慮.

図 6.12 ワイヤーハーネス配置の工夫

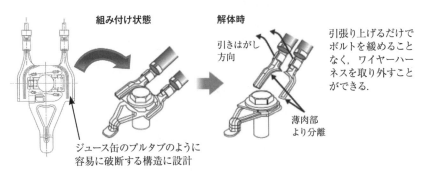

図 6.13 ワイヤーハーネスプルタブ式アース端子部

慮した設計プロセス同様であり，リサイクル要件（目標環境性能）を明確にし，開発初期の適切なタイミングで，コストなどの背反要件といかに両立させるかが鍵となる．

本項では解体性に着目し事例を紹介してきたが，環境負荷を低減するためには素材の選定も設計段階で考慮されるべき重要な要素である．

6.2.2　まとめ

リサイクル性を向上させることは，自動車に使用している限りある資源の有価性を高め，お客様の製品廃棄時の費用負担低減に寄与するとともに，安全かつ確実な処理を行えるようにすることで，廃棄による環境負荷を低減させることにつながる．自動車にとっての環境課題への取り組みは，単に自動車業界にとどまらず，社会全体の資源循環分野における最先端の取り組みとなるはずであり，そのための素材技術，分別・回収技術，エネルギー再生技術の開発と要件の製品への織り込みは極めて重要である．

6.3　ライフサイクルを考慮し，お客様の立場に立った設計に向けて

本章では他の工業製品と比較して長いライフサイクルを持つ自動車を例として，設計技術者が考慮すべき要件を具体事例に基づいて紹介してきた．

新技術や新材料などを駆使し，衝突安全性能や燃費性能，快適性など自動車の性能は日進月歩でより便利かつ快適で安全な乗り物へと進化している．しかし，自動車のライフサイクル全体を見渡したとき，点検・整備・修理がやりにくく，時間がかかるなどサービス性が悪いレベルにあれば，お客様へ安全・安心で保有維持費のかからない製品を提供できているとはいえない．同様に，リサイクル性の乏しい自動車では，社会・環境に適応しており，廃棄時のユーザー費用負担の低い製品とはいえない．

自動車を含むあらゆる工業製品においては，性能要件や製造要件だけでなく，

サービス・リサイクル・廃棄までのライフサイクルを考慮した要件を設計に織り込んでいくことが求められる．また，お客様の使い方は多種多様であり，お客様の要求や社会的な要請も時代とともに変化していく．社内の設計基準や法規を満足するだけの設計では，お客様の安全と安心を守ることができないだけでなく，次も自社の製品を選択していただくためのお客様との信頼関係を築くことには至らず，結果として持続的な収益を得ることには至らない．

一方で，多くの要件を満足する設計を行うためには，開発初期に要件を抜けもれなく洗い出し，二律背反する要件を明確にして，その解決策を見いだしていくことが必要となる．

本章で紹介した事例などを基に，設計技術者と各分野の専門家が"お客様の立場に立った設計"に向けて図 6.14 に示す開発・設計プロセスにおいて留意すべきポイントをまとめると以下のようになる．

① 設計技術者は，社内の設計基準や法規だけでなく，製造・サービス・リサイクル・廃棄までの製品のライフサイクルを考えて，お客様の立場に立った設計要件を洗い出す．設計技術者だけでは洗い出しが困難な場合は，社内の各分野の専門家に要件の提示を求める．

② 各分野の専門家は，設計技術者の立場に立って，自らも設計業務の一端を担っている気概を持ち，事実とデータに基づいた具体的かつ定量的な設計要件とその重要度を提示する．

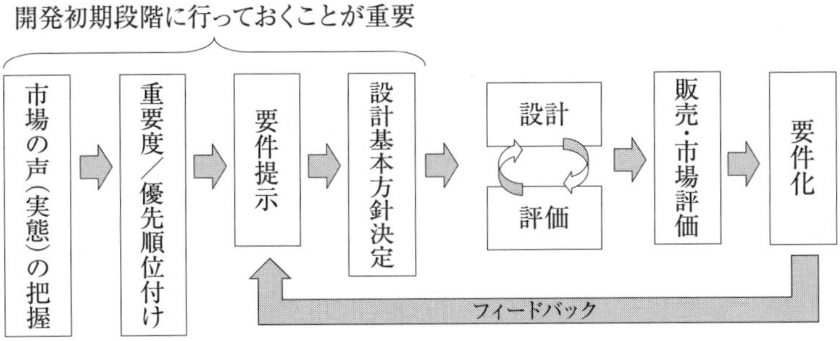

図 **6.14** 開発・設計プロセス

③　設計技術者は，開発初期段階に各分野の専門家を巻き込み，二律背反する要件について建設的に議論し，解決策を見いだすための知恵を絞り出せるプロセスと意思決定タイミングの共有化を図る．

　現実には，上記のポイントに留意して設計方針を議論していく過程において，多くの要件が複雑に絡み合いながらお互いに背反することは不可避であり，その解決に向けては設計技術者個人の能力を超えることもある．したがって，開発の初期に複雑に絡み合う二律背反要件を解きほぐしながら，一つひとつの設計諸元を決定していく手順をサポートする"手法とツール"が必要となってくる．その事例は第 7 章で紹介される．

　設計技術者と各分野の専門家がともに上記のポイントに留意した上で品質管理の手法とツールを使いこなしながら，事実とデータに基づいて"お客様の立場に立った設計"を目指し続けていくことが，今後とも日本の工業製品が世界中のお客様に受け入れられ続け，その結果として持続的に収益を得ていくことにつながっていくであろう．

参 考 文 献

[1]　https://ja.wikipedia.org/wiki/ サービス（2015.6.15）
[2]　河合利夫（2010）:『開発〜生準における自工程完結に向けた活動』，トヨタ自動車(株)TQM 推進部．
[3]　佐々木眞一（2014）:『自工程完結』，日本規格協会．
[4]　(社)日本品質管理学会中部支部産学連携研究会編（2010）:『開発・設計における "Q の確保"』，日本規格協会．
[5]　坂根正弘（2009）:『IT 活用による新たな顧客価値創出〜製造業のサービス化〜』，第 88 回品質管理シンポジウム報文集，pp.51-64．
[6]　トヨタ自動車(株)環境部（2014）:『クルマとリサイクル』，トヨタ自動車(株)
[7]　トヨタ自動車(株)ホームページ：http://www.toyota.co.jp（2015.6.15）

第 7 章　開発初期における製品品質のつくり込み

7.1　開発初期における製品品質つくり込みの重要性

　製品開発の目的は，お客様の期待を超える商品を，良品廉価に実現することにある．そのため図 7.1 に示すように，製品企画においては，商品企画で定義されたコンセプトに対応する製品機能を明らかにするとともに，それらの関係を整理し，目標値や開発時の重み付けを適切に設定することが必要となる．また，基本骨格が決定された後に実施する量産化設計段階で，複数システムにまたがる構造の変更を実施した場合，その変更に伴い数多くの部品が構造変更を余儀なくされる．このことは，品質確保の面からもリスクが高くなる．
　以上のことからも，各部品の設計が本格的に開始される前段階，すなわち製品企画段階で基本骨格を決定しておくことは大変重要である．

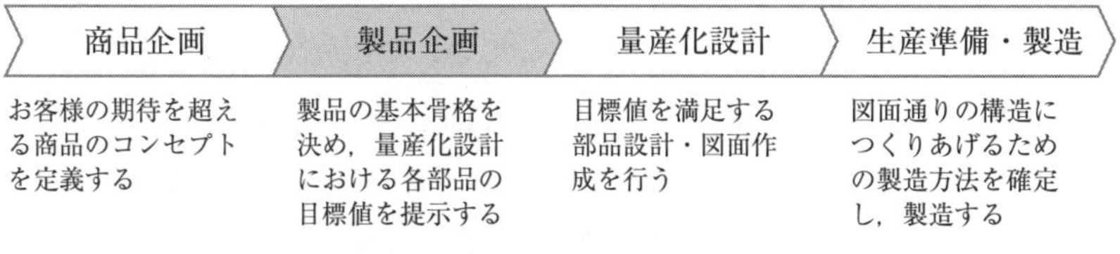

商品企画	製品企画	量産化設計	生産準備・製造
お客様の期待を超える商品のコンセプトを定義する	製品の基本骨格を決め，量産化設計における各部品の目標値を提示する	目標値を満足する部品設計・図面作成を行う	図面通りの構造につくりあげるための製造方法を確定し，製造する

図 7.1　製品開発の段階と目的

7.2　昨今の設計の現場で起きている問題

　昨今の製品開発においては，安全・環境を含めた多様なお客様要望への対応を，短期間に行うことが求められている．さらに，新興国を含めた新たな市場

への対応や競合他社に対する優位性の確保は，商品としての付加価値を担保する上で欠かすことのできない要素となってきている．

お客様要望の多様化や付加価値の担保のために，製品としての高機能化を進める場合，製品を構成する各システムもそれに応じて高機能化することになる．これは，要求される技術レベルの高度化につながり，作り手側は専門領域ごとに担当を細分化し機能のつくり込みを行う．このような事情から，従来に比べ一人ひとりの設計者の担当範囲が狭くなり，それゆえ図7.2に示す課題に直面することとなる．

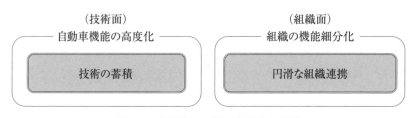

図 7.2　高機能化に伴い直面する課題

(1) 技術面

製品の高機能化に対応する新たなシステムを開発する場合においても，何らかの従来技術をベースにすることが基本となる．そのため，設計時に把握した注意点などは，知見として残し活用していくことが重要である．ただし，ここでいう知見とは，単に"部品取り付け時の寸法余裕○○mm"といった結果系指標だけではなく，なぜその余裕が必要なのかという理由や根拠なども指し，技術蓄積という意味では後者の重要性が高い．加えて，知見を残した際の前提条件を明らかにすることも重要である．結果系指標が使える前提条件に当てはまるかを事前に考えなければならない．

(2) 組織面

製品企画時において最も留意すべき事項は，背反（トレードオフともいう）する製品機能の取り扱いである．自動車を例にとると"エンジン出力と燃費：エンジン出力向上のために排気量を増加させると，背反として燃費が悪くなる"

などが代表的である.

　1つの製品機能を1つの部品で達成する場合には，上記の背反の取り扱いは比較的容易である．しかし，これは製品の大型化や高コスト化につながるため，お客様の満足を得ることは難しい．よって，可能な限り少ない部品数で複数の製品機能を達成することが求められ，そのことがこの背反関係をより複雑化させる要因となっている．

　まとめると，製品機能の複雑化に対しては担当者の細分化による対応が一般的であり，複数機能間での背反とは，"役割が異なり，かつ保有する情報量が同一でない"複数の担当者間の仕事に背反が存在する，ということを意味する．

7.3　製品企画段階でやるべきこと

　2.3節において，良い車をつくるために設計技術者がやるべきこととして挙げた下記4点のうち，前節で説明した技術面・組織面で発生する課題を踏まえると，製品企画段階では特に①と②が重要といえる．

① 開発初期にやるべきことをもれなく洗い出し，二律背反事象の両立を図る．
② 関連部署間の IN-OUT 情報の内容とタイミングの整合性をとる．
③ 作業ごとに良品条件を紐づける．
④ 作業の中で明確になった課題を節目ごとに振り返り，次の仕事にフィードバックする．

① 開発初期にやるべきことをもれなく洗い出し，二律背反事象の両立を図る．

　製品企画段階では，その後の量産化設計が円滑に進められるよう，各部品の達成目標を提示することが必要となる．しかし，実際の開発の現場では，量産化設計段階で，基本骨格に関わる構造変更が行われることも少なくない．そのような規模の変更が生じる要因の1つとして，製品企画段階での背反する複

数の製品機能間の影響関係の見落としや，製品機能の重み付けの失敗が挙げられる．

複数部品にまたがるような二律背反事象を網羅的に押さえた上で，開発上の問題にいち早く気づき，先手を打つ，すなわち基本骨格に関わる問題の未然防止を図ることが鍵となる．そしてこの"気づき"のためのポイントは，"見える化"である．具体的には，同時に成立させるべき製品機能間の影響の見える化，製品機能を実現するための部品特性との関係性の見える化などである．

② **関連部署間の IN-OUT 情報の内容とタイミングの整合性をとる**．

背反関係にある複数の製品機能に対して，合理的に優先順位付けをするポイントは，複数の部品もしくは複数の開発担当者にまたがる二律背反関係の見える化であった．これにより，技術・組織の両面で直面する問題の早期発見・早期解決に貢献する．

一方で，製品機能の優先順位を前提として，どのように設計図面として具現化していくのかについても，あらかじめ考えておかなければならない．なぜならば，時間の制約がある中で早期に製品品質を確保するには，開発設計業務が順調に進んでいるのかを都度判断し，必要に応じて軌道修正を加えていくことが重要となるためである．

本章では，以降，①に有効な方法として QFD（Quality Function Deployment, 品質機能展開）を 7.4～7.7 節にかけて，②に有効な方法として TLSC（Total Link System Chart）を 7.8～7.11 節にかけて紹介する．ただし，いずれの方法も開発設計における自工程完結に対して大変有効な一方で，作成や修正に労力を要するなどの課題もある．そのため，これらの方法の概要に加え，開発設計業務を考慮した際に有効な応用方法や補助手法についても説明する．

7.4 二律背反の両立検討に役立つ QFD

図 7.3 に QFD の例を示す．名称の"展開"が示す通り，お客様の要望を具体的な構造要件や製造上の管理項目などへ関連付けることに役立つ手法である．

また JIS[1]では，QFD の原理として，①細分化・統合化，②多元化・可視化，③全体化・部分化などを挙げている．つまり，背反する複数の製品機能間の影響関係などを，客観的かつ俯瞰的に確認することによって，基本骨格に関わる開発課題への気づきに役立てることができるものと期待される．

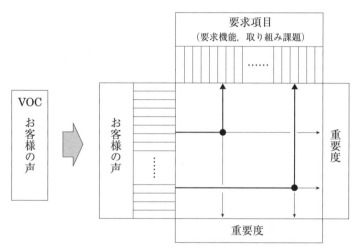

図 **7.3** QFD の例[5]

7.5 技術・組織両面の問題解決につなげるための QFD の簡素化

QFD は技術・組織の両面で直面する問題の解決に有効な一方で，作成に時間を要することが支障となる場合がある．この課題に対して大藤ら[2]は"1 時間品質表"を提唱している．1 時間品質表は，流用設計の企画向けに，QFD を効率的に活用できるように開発された二元表である．

この二元表を，製品機能間の背反に起因する問題の早期発見に活用する場合には，製品機能と部品特性を縦軸・横軸にとり，それらの関係性を整理する（機能・特性二元表と呼ぶ）．

図 7.4 に，ヘルメットを例に作成した"機能・特性二元表"を示す．表中の◎や○は影響の強さを表す．このとき，表中の関係性の一つひとつに対し，影響度を判断した理由を残すことで，技術の蓄積にもつながる．

また，背反関係をより分かりやすくするため，更に工夫することも可能である．その例を図 7.5 に示す．◎や○の代わりに矢印を記載しており，矢印が逆方向を向いている項目同士が背反していると考える[4]．このように矢印で影響の方向を記入する場合には，次のように考えるとよい．

> ① 横軸（部品特性）の値が大きくなったときに，と前提を置く．
> ② 縦軸（製品機能）に対して有利に働く場合には"↑"，不利に働く場合には"↓"を記入する．

① 横軸（部品特性）の値が大きくなったときに，と前提を置く．

方向性を記載するには，部品特性の変化の方向をあらかじめ与える必要がある．例えば強度が高くなる場合，と考えてもよいが，"数値が増えた場合"と単純化したほうが分かりやすい．

② 縦軸（製品機能）に対して有利に働く場合には"↑"，不利に働く場合には"↓"を記入する．

製品機能は，破壊強度など大きいほうが良いものもあれば，騒音など小さいほうが良いものもある．そのため大小の変化の方向を矢印で表記した場合には，必ずしも反対方向を向いている項目同士が背反とはならないため，解釈に時間を要することになる．ただし，有利・不利と解釈した場合には，この混乱が生じにくいという利点がある．

一方で，製品機能の中には，ある程度までは大きいほうが良いが，大きすぎるのは困る，といった項目もある．こういった場合には，"↑↓"を記入する

7.5 QFDの簡素化

製品機能 / 要求項目		全体 重量	剛体 強度	剛体 耐水性	剛体 エア導入開口径	剛-シ シールド作動荷重	剛-シ シールド作動範囲	シールド 撥水性	シールド 強度	シールド 耐水性	シールド 反射率	内張 耐汗性
安全性	衝突時安全である	◎	◎		△	△			◎			
安全性	風を受けてのけぞらない	○			◎							
信頼性	長持ちする		◎	◎	△			○	○	○	◎	◎
視認性	視界が明瞭である					○	○				◎	
視認性	まぶしさを和らげられる							○				
静寂性	走行時静かである	○				◎			○			
快適性	むれない			○	△							◎
快適性	着脱しやすい	◎				○	◎					△
快適性	軽い	◎	△		△				○	△		
意匠性	外から顔が見えない										◎	
作業性	メンテナンスが容易	△		○				◎		○	△	△

例：風を受ける面積が，空気抵抗に影響する

図7.4 機能・特性二元表の例

製品機能 / 要求項目		全体 重量 重	剛体 強度 強	剛体 耐水性 高	剛体 エア導入開口径 広	剛-シ シールド作動荷重 上	剛-シ シールド作動範囲 広	シールド 撥水性 高	シールド 強度 強	シールド 耐水性 高	シールド 反射率 上	内張 耐汗性 高
安全性	衝突時安全である	↑	↑		↓	↑			↑			
安全性	風を受けてのけぞらない	↑			↓							
信頼性	長持ちする		↑	↑	↓			↑	↑	↑		↑
視認性	視界が明瞭である					↑	↑				↓	
視認性	まぶしさを和らげられる							↓			↑	
静寂性	走行時静かである	↑				↑			↑			
快適性	むれない		↓	↓	↑							↓
快適性	着脱しやすい	↓				↑	↑					
快適性	軽い	↓	↓		↓				↓	↓		
意匠性	外から顔が見えない										↑	
作業性	メンテナンスが容易	↓		↑				↓		↑	↑	↓

例：風を受ける面積が増えると空気抵抗が増すため不利になる

図7.5 矢印表記により背反を際立たせた二元表

ようにし，適値があることを示しておくとよい．

この表記方法は，例えば部品間をつなぐ配線長さに対して，ある長さとその倍数長のときにのみ，システムの振動と共振するため注意が必要である，といった項目に対しても応用できる．

製品の高機能化に伴い，設計の現場からは"背反があるのは分かっている．しかし，1つ2つならまだしも，10も20もあるのでどこから手をつけるべきか判断が難しい"といった困りごとも聞く．この背反を整理する手法として，機能・特性二元表が有効である．

いずれにせよ，手法の活用はあくまでも手段であり，目的は背反関係に起因する致命的な悪影響にいち早く気づき，未然に防止することである．機能・特性二元表を"気づくためのツール"と位置付けた活用が重要といえる．

7.6 製品機能の網羅性担保と優先順位付けのために考慮すべき視点

前節では，背反関係の見える化に役立つ手法として，矢印で表記する機能・特性二元表を紹介した．本節では，その前提として，製品機能を網羅的に洗い出し，優先順位付けするための視点について補足する（図7.6）．

(1) お客様の声

従来技術をベースとした製品企画においては，お客様の要望を製品機能に織り込むことに加え，製品機能の重み付けの妥当性検証に活用することも忘れてはならない．流用設計を進める中で，過去の"魅力品質"が既に"当たり前品質"に変わっているなど，お客様の品質に対する要求や期待の変化に気づくための活用を考えることが望ましい．

(2) 信頼性及び安全性

製品機能の1つとして，"永く使えること"が重要である．一方で，"安全に使えること"すなわち，万が一製品が故障した際，それを引き金とした重大事

7.6 考慮すべき視点

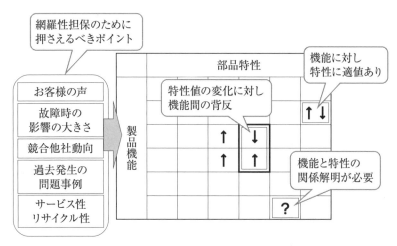

図 7.6 製品機能の補完と優先順位付けに有効な視点

故に至らぬよう安全に壊れることも同様に重要であり，製品機能としては両方の確保が不可欠といえる．製品機能のうち，当たり前品質に当たる項目の多くは，本要件を踏まえることになる．

(3) 競合他社動向

競合他社製品との差別化は，自社製品の付加価値の向上につながる．そのため，多くの製品開発の現場において，他社製品の特徴を踏まえた自社製品の機能補完や重み付けが行われている．

その際の注意点として，自社製品が市場に投入される時点を見据えた優位性の考慮が挙げられる．自社製品を市場に投入した際，既に他社は更に性能向上した製品を投入しているかも知れない．どの時点を基準にするのかが重要といえる．

(4) 過去発生の問題事例

過去発生した問題を，同じ原因で再発させることがあってはならない．そのため，関係する製品機能に対し，どのような使用状況で問題が発生したのかを記し，設計時に考えさせるようにするのがよい．"低温下での○○操作時，△△の破壊なきこと"などと表記することもできる．

上述のように，同一の問題の再発防止が第1の目的となるが，同種の問題の未然防止を織り込むことも重要である．例えば，使用環境のうち塩害が問題となったとき，同様に外部から塩分の影響を受ける部品がないか，などである．
"要因Aの影響によって，部品Zが悪影響を受け，機能を喪失する"と現象を整理した際，

① A以外の要因によってZが同様の影響を受けないか
② Z以外に同様の影響を受ける部品はないか

といった，2つの側面から推測するとよい．詳細は，第4章を参考にしていただきたい．

(5) サービス要件・リサイクル要件

第6章で詳述した両要件である．これらは，サービスやリサイクルなどを，実際に経験するときに初めて実感する要件である．そのため，作り手側としてそれらを先読みし，製品機能に早期に織り込んでおくことが必要となる．

以上，製品機能の網羅性担保と優先順位付けに必要な視点を解説してきたが，このことは，技術の蓄積にも役立つ．特に，過去発生した問題の明記は必須である．現在の構造には，形状や材質など一つひとつに理由がある．一度失敗を経験したためにあえて変更した可能性も秘めている．短期開発が求められる中，安易な変更による失敗を防ぐためにも，重要な財産である失敗経験を"見える化"し，活きた情報として活用することが不可欠である．

7.7 機能・特性二元表作成時及び活用時の注意点

開発設計の現場において機能・特性二元表を活用した製品品質のつくり込みを行う際の注意点について述べる．

(1) 作成することが目的化していないか

QFDや機能・特性二元表に限らず，手法を活用する際に共通な注意点である．機能・特性二元表においても，作成した後にどのように活用するのかが明

確になっていなければ，関係者の理解を得ることも難しく，作成してお蔵入りになるリスクもあるため，特に注意が必要となる．

(2) 項目の粒度は適切か

対象となるシステムや部品に対して，製品機能や部品特性の粒度をあらかじめ明らかにしておくとよい．必要以上に細かくなる場合や，逆に実務で活用するには粗すぎる，といった状況に陥らないよう注意が必要である．また，作成者の専門領域が特定の項目に偏っていた場合，その項目のみが他と比べ細かくなりすぎるという傾向もあるため，関係者と確認を重ねながら作成・管理してくことが重要である．

(3) 初めから完璧なものを目指していないか

目的や対象を明確にし作成する際，初めから完璧なものを目指さないことも実践上のポイントといえる．"ひとまず作成してみる" という姿勢も重要であり，補完はその後，関係者との議論の中で進めていくのがよい．

(4) 完成した後の管理者が明確になっているか

お客様の製品に対する期待値は時々刻々と変化する．また，技術も日進月歩で高度化していくため，作成された機能・特性二元表も必要に応じて内容が更新されなければならない．つまり，鮮度維持が肝である．完成後誰が管理するのか，誰が更新するのかをあらかじめ決めておくとよい．

(5) 作成するための時間が確保されているか

QFDを簡素化した機能・特性二元表であっても，作成に時間を要することは否定できない．そのため，作成に必要な時間は，上位者と合意した上で確保しておく必要がある．

7.8 関連部署間の連携やタイミングの整合性確保に役立つTLSC

2.1節で述べた通り，製造の現場には作業要領書があり，これにより一つひとつの仕事が正常か異常かをその場で判断できる．要領書が実際の作業に対し

て妥当でない場合には，要領書そのものを見直す．このように，仕事や作業の仕方をスパイラルアップさせることで，製品の品質を確保している．

　これは，品質管理の基本であるプロセス重視に他ならない．プロセス重視とは，一つひとつの仕事，すなわちプロセスに着目し，その品質を上げていくことで製品品質の向上につなげる考え方である．この考え方に照らし合わせると，量産化設計の準備段階においても，仕事の仕方が正常か異常かをその場で判断できるよう，開発全体の流れや仕事の前後関係，更には情報の流れを見える化しておくことが必要となる．この開発プロセス見える化の手段としてTLSCが有効である．TLSCは業務フロー図として利用され，前後工程のつながりを見える化している．

　図7.7，図7.8は，トヨタ自動車のエンジン分野で実践されている排気系性能開発での事例である．共に，縦軸は仕事の単位で分割し，情報の往還を記す．また横軸は時間の流れを示し，左から右が順方向である．つまり，右から左への情報の流れは時間の逆転を意味し，必要な情報が必要なタイミングでそろっていないということが分かる．

　図7.7により明確にされた開発プロセス上の日程不整合に対して関係者ですり合わせを行い，不整合を最小化したTLSCが図7.8である．実際の製品開発プロセスは大変複雑であるため，すり合わせを実施したとしても完全に不整合が取り除けるとは言い切れない．しかし，これらの不整合を当事者間で開発開始時にリスクとして共通認識を持ち仕事を進めていくことで，開発やり直しの大幅低減が期待できる[5]．

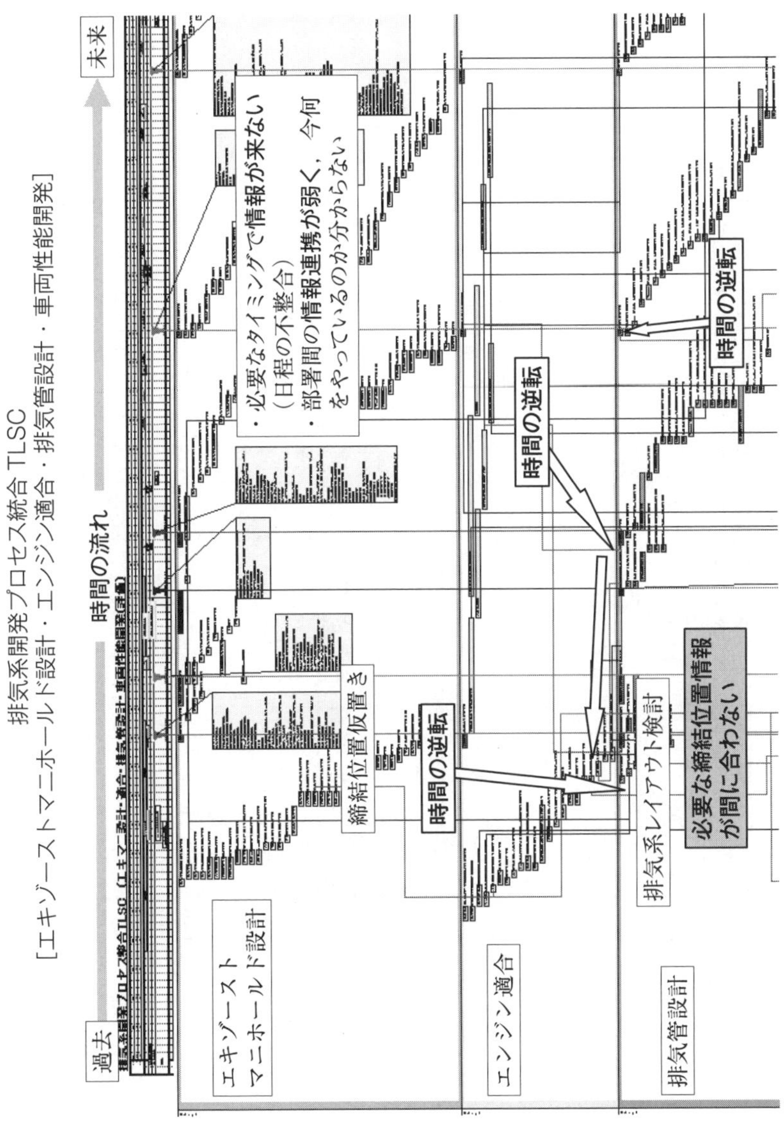

図 7.7　排気系性能開発の開発プロセス（すり合わせ前）[5]

第7章　開発初期における製品品質のつくり込み

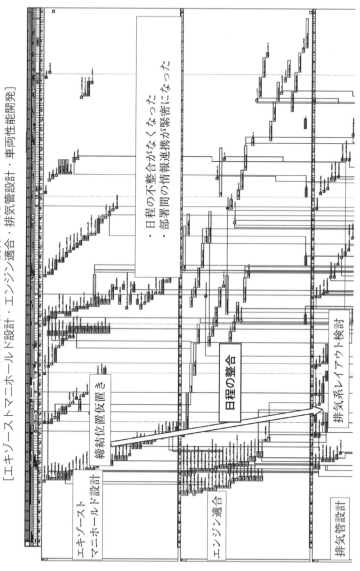

図7.8　排気系性能開発の開発プロセス（すり合わせ後）[5]

7.9 一つひとつの仕事への落とし込み

　TLSCは，プロセス間の情報の往還や時間軸での実施事項の見える化に活用できる．その上で，開発設計の品質を更に高めるため，見える化したプロセスを基に，一つひとつの仕事をより明確にしておくことが重要である（図7.9）．図7.9では先の排気系性能開発TLSCで示された各プロセスを縦に並べ，それぞれのプロセスについてより詳細に記述している．前工程や後工程の情報に加え，良品条件や判断基準と呼ばれる項目が紐づいている．

　良品条件とは，4M（Man, Machine, Material, Method）の視点でそのプロセスに着手するための必要要件を示している．能力要件や使用すべきツールなども含まれる．判断基準とは，そのプロセスが問題なく完了したと判断するための基準を指す．プロセス重視の考え方に従い，一つひとつのプロセスで品質をつくり込むことが目的である．

7.10 TLSCの作成に役立つ手法（DSM）

　TLSCは開発プロセス上のボトルネック見える化に大変有益である．ただし，プロセスの順序不整合をなくす（整流化）ためには，関係者間でのすり合わせなど労力を要することもある．また，開発を進める中で，TLSC作成当初にはなかった情報，特に時間の流れに対して逆行する情報の流れが発生した場合，いかに短時間で開発プロセスを見直すかが肝となる．

　本節では，整流化に役立つ手法として，DSM（Design Structure Matrix）を紹介する．DSMは，70年代に当時GE在籍のスチュワードにより開発され，90年代にマサチューセッツ工科大学のエッピンジャーらを中心に製品開発分野への適用が研究された手法[8]であり，複雑なプロセスをマトリックスとして表現し，整流化などの処理を加える点に特長がある．以降，DSMを活用した整流化の方法について概要を紹介する．なおDSMは，整流化以外にも応用できる手法である（例えば，Eppingerら[3]，目代[6]）．

94　第7章　開発初期における製品品質のつくり込み

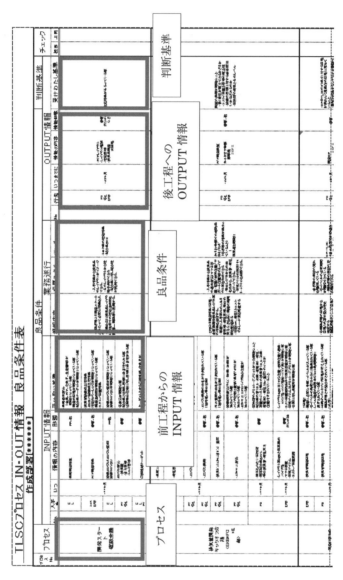

図 7.9　TLSC から落とし込まれた一つ一つの仕事（［5］に加筆・修正）

7.10 TLSC の作成に役立つ手法（DSM）

DSM を開発の整流化に活用する際には，開発プロセスを構成する一つひとつの要素に着目し，それらの間に存在する依存関係をマトリックスで表現する（図 7.10）．具体的には，図中の A，B を開発プロセスの構成要素としたとき，それらをマトリックスの縦軸及び横軸に並べ，縦軸を"実施する要素"，横軸を"その前提となる要素"と定義する．

(a)並列型はお互いに依存関係を持たないため，並行した実施が可能，(b)逐次型は，B を実施するには A のアウトプットが必要，(c)はお互いに依存しあうため，同時作業が必要と読む．

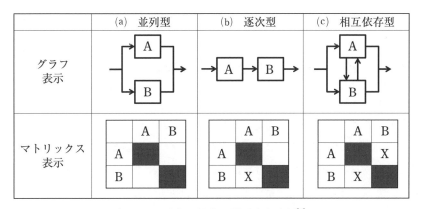

図 7.10 要素間依存関係の表記分類[7]

図 7.11 に不整合が生じている場合の例を示す．左から右を順方向とした場合，グラフ表示からも分かるように，実施順に不整合がある．同じ例をマトリックス表現したとき，不整合の起きている依存関係は，マトリックスの対角線よりも右上部分に現れることが分かる．左下部分は順方向，右上部分が不整合，と考えると分かりやすい．この対角線右上の依存関係をなくすことが，TLSC 上の不整合をなくすことと等価となる．DSM では，この不整合をなくすため，左下に数値が配置されるように行列を入れ替えていく．

第 7 章 開発初期における製品品質のつくり込み

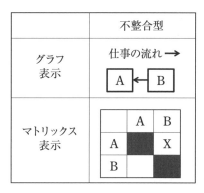

図 7.11 順序不整合が生じた依存関係

7.11 DSM を活用した整流化の実施例

　図 7.4，図 7.5 で示したヘルメットに対する二元表の項目から，シールド部に記載した 4 つの項目を抽出し，それらの決め方を例に整流化を補足する（図 7.12）．従来の決め方を図 7.12(a)とする．すなわち，強度目標を前提に，耐水性と反射率を決め，更に耐水性を前提に撥水性を決める，という順序になっている．本順序では，不整合は生じておらず，完全に整流化された状態である．しかし仮に，次期開発においても本プロセスを踏襲しようと考え，かつ材質を変えることで反射率を決めようとしたとする．更に，材質を変えるという新たな検討項目により，前提である強度に影響が生じたと仮定する［図 7.12(b)］．この依存関係は，仕事の流れに対し逆方向となっており，開発のやり直しを生じさせる要因になり得る．

　そのため，この依存関係を順方向に整流化するよう，反射率の決定を強度目標決定と並行して実施するよう順番を入れ替える［図 7.12(c)］．同図では，強度と反射率が相互依存型となっているため，実務上は同時に検討することになる．その結果を受け，耐水性，撥水性と順に決定することで，不整合が解消される．

　本例のように，実際の開発プロセスが単純なものであれば，DSM を活用せ

7.11 DSMを活用した整流化の実施例

ずとも容易に整流化は可能である．しかし，現実には膨大な実施プロセスがある．また，開発における優先順位（どの製品機能を重視するかなど）が変われば，それに応じて仕事の仕方や考慮すべき前提条件も変わる．さらに，開発の進捗状況を踏まえ都度すり合わせにより整流化を繰り返すことは，膨大な労力を要する．最終的にプロセスの良し悪しを確認するのは技術者本人であるが，その補助としてDSMが有効である．

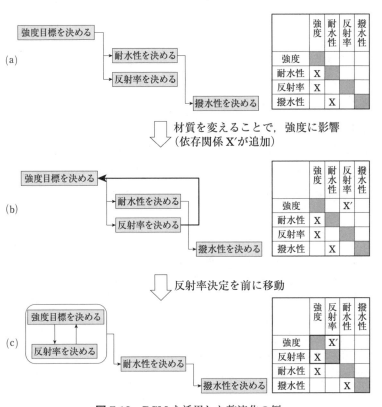

図 7.12　DSMを活用した整流化の例

7.12　ま　と　め

本章では開発初期における製品品質のつくり込みついて述べてきた．前半はQFDや機能・特性二元表を用いた製品機能の重み付けについて，後半はTLSCやDSMを用いた開発プロセスの整流化についてである．

お客様要望の多様化による製品構造の複雑化やITの進展による開発期間の短縮など，開発設計を取り巻く環境はめまぐるしく変化している．それにより，一人ひとりの担当範囲が細分化され，他部品や他機能の設計者など，周囲への影響に気づきにくくなっているのが開発設計の実態といえる．

そのような環境下において，製品としてどの機能が重要なのか，そしてそれをどのようにつくり込むのかを開発初期に明確にし，見える化しておくことの重要性はますます高まるものと考えられる．ただし，見える化は極めて重要ではあるが，そのための付加価値を生まない作業は排除しなければならない．手法の力も借りながら作業の最小化を図り，より付加価値の高い仕事に注力することで，製品の差別化や技術者の育成にもつながるはずである．

参考文献

[1] JIS Q 9025：2003　マネジメントシステムのパフォーマンス改善―品質機能展開の指針
[2] 大藤正（1999）：1時間で書ける品質表，日本科学技術連盟 第8回品質機能展開シンポジウム要旨集, pp.44-47．
[3] Eppinger.S.D., Browning.T.R.（2014）：『デザイン・ストラクチャー・マトリクスDSM』，西村秀和監訳，慶應義塾大学出版会．
[4] 西吉大樹（2012）：品質確保に向けた開発・設計における二元表の有効活用提案，日本品質管理学会 第99回研究発表会要旨集, pp.29-32．
[5] （社）日本品質管理学会中部支部産学連携研究会編（2010）：『開発・設計における"Qの確保"』，日本規格協会．
[6] 目代武史（2006）：製品開発マネジメントの分析ツールとしての設計構造マトリックスに関する考察，『地域経済研究』，Vol.17, pp.25-42．

[7] Yassine, A.A. (2004) : An Introduction to Modeling and Analyzing Complex Product Development Processes Using the Design Structure Matrix (DSM) Method, *Italian Management Review*, Vol.9, pp.71-88.

[8] Eppinger, S.D., Whitney, D.E., Smith, R.P., and Gebala, D.A. (1994) : A Model-Based Method for Organizing Tasks in Product Development, *Research in Engineering Design*, Vol.6, pp.1-13.

B. 手法編

第8章　開発・設計に必要な統計的ものの見方・考え方の基本

　私たちは，さまざまな場面で"これでよいかどうか？"を的確に判断しながら仕事を進めているが，その際には事実・データに基づくことが大切であることは言うまでもない．しかし，このことを表面的に捉えてしまい，"得られたデータ"を"規格や目標"と比較して，そのデータが規格や目標を満足していればOKと安易に判断して，不具合を発生させるケースが散見される．得られたデータから母集団の特性を統計的に推測し，それが規格や目標を満足しているかどうかを見るという統計的考え方の基本中の基本が，残念ながら実務の中では十分に活かされていない．また，ばらつきへの意識・配慮が不足したことによる不具合も，相変わらず発生している．

　データ解析を取り巻く環境は日々進化しており，解析の方法も高度化している．その結果，従来では解析が困難であったケースでも，近年では解析が可能になってきている．このこと自体は大変喜ばしいことであるが，その一方で上述したような統計的ものの見方・考え方の基本が疎かになっていると思われる状況に遭遇することも珍しくない．永田[1]は，"統計的方法は，データから有益な情報を導き出すための手段である．したがって，データとかかわりをもつ研究・仕事の分野では統計的方法について知識をもっていることが不可欠である"と述べている．

　そこで本章では，開発・設計技術者が日々の業務において的確な判断をするために必要な統計的ものの見方・考え方と，その習得方法の概要について紹介する．

8.1 統計的考え方の基本を活用した的確な判断

【例1】

図 8.1 に示す 3 つの部品 A, B, C のランダムな組み付けを考える. ここで,組み付けた際の全長の公差(ここでは 3σ とする)を ±5 mm としなければならない. 部品 A の公差は ±2 mm, 部品 B の公差は ±1 mm と既に決まっていたとすると, 残りの部品 C の公差はいくらにすればよいか？

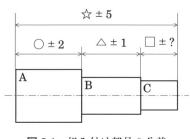

図 8.1 組み付け部品の公差

この問いに迷わず ±2 mm と答えたとすると,残念ながら統計的方法に関する知識は皆無に近いと判断せざるを得ない. もちろん,前提条件によってこの問いに対する正解は何通りか考えられる. しかし素直に考えると,ランダムに組み付けた部品の長さ(寸法)の分散には加法性が成り立つ. この考え方を適用すると,次のとおりとなる.

部品 C の公差を x とすると,

$$5^2 = 2^2 + 1^2 + x^2$$
$$x^2 = 5^2 - 2^2 - 1^2 = 20$$

より,

$$x = \sqrt{20} = 4.47$$

となり,部品 C の公差は ±4.47 mm になる. 公差が ±4.47 mm でよいものに ±2 mm の公差を指示したとすると,半分以下の厳しいものとなり,一般に製造コストは必要以上に高いものとなってしまう.

8.1 統計的考え方の基本を活用した的確な判断

【例2】

図8.2に示すクリップを設計した．このクリップには，引抜き荷重600N以上という規格がある．規格を満足する設計になっているかどうかを確認するため，実験評価を行ったところ，下記のデータを得た．いずれのデータも規格を満足することから，十分な設計ができたと判断し，生産準備に着手することにした．これで問題ないだろうか？

データ：605，610，612，620，623

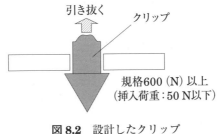

図 8.2　設計したクリップ

この問いに対する最も多い回答は，"データ数が$n=5$と少ないので，もう少しn増しが必要"というものであった．"それではn数はいくつならよいか"と改めて尋ねると，口ごもるか"少なくとも30ぐらいは必要"との回答が返ってくる．さらに，"仮に30個のデータが，全て規格を満たしていたら問題ないか"と尋ねると，多少不安な表情を浮かべながらも"いいと思う"という．これが，得られたデータと規格とを比較して，判断しようとしている例である．

統計的考え方の基本を活用して母集団の特性の分布を推測し，それが規格を満足しているかどうかを見ると，次のようになる．

データの平均$\bar{x}$と分散Vは，

$$\bar{x} = \frac{\sum x_i}{n} = \frac{605+610+612+620+623}{5} = 614.0$$

$$V = \frac{\sum(x_i - \bar{x})^2}{n-1} = \frac{(605-614.0)^2 + \cdots + (623-614.0)^2}{5-1} = 54.5$$

である．すると，信頼率95％における個々の値の予測区間は，

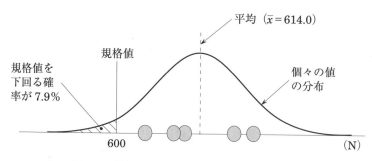

図 8.3 得られたデータと母集団の特性の分布

$$\hat{x} = \bar{x} \pm t(n-1, 0.05)\sqrt{\left(1+\frac{1}{n}\right) \times V}$$

$$= 614.0 \pm 2.776 \times \sqrt{\frac{6}{5} \times 54.5}$$

$$= 614.0 \pm 22.4$$

となる．以上より，予測区間は 591.6～636.4 となり，600 以上という規格を外れるものが発生する（応用の範囲となるが，定量的に求めると 7.9％が規格外れとなる）．

【例2】に示したように"得られたデータ"と"規格や目標"を比較するのではなく，図 8.3 に示すように得られたデータから母集団の特性の分布を統計的に推測し，その母集団が規格や目標を満足しているかどうかを見るということは，次の【例3】でも全く同じである．

【例3】

新製品の量産開始を目前に控え，最終の確認をした．実際の製造工程で 100 個の量産試作をしたところ，不適合は 0 であった．ここで，量産での不適合率を 0.5％以下にすることが目標だったとすると，今回の最終確認の結果から量産を開始した場合，目標を達成できるか？

ここで得られたデータは，100 個の量産試作をして不適合数が 0（量産試作

8.1 統計的考え方の基本を活用した的確な判断

での不適合率 0％）というものである．一方，目標は量産での不適合率が 0.5％以下であるが，両者を単純に比較するのではなく，量産試作の結果から母集団の分布を推定し，母集団が目標を満足しているかどうかを見なければならない．実際に推定すると，次のようになる．

不適合率の真の値が P であるときに，n 個製作して不適合が 1 個も発生しない（全て適合品）確率は，$P=0.005$，$n=100$ とすると，

$$(1-P)^n = (1-0.005)^{100} = 0.606$$

となる．これは，不適合率の真の値（量産での不適合率）が 0.5％であったとき，100 個の試作品で不適合品が 0 個である確率が約 60％であることを示している．不適合率の真の値が目標値 0.5％をわずかにオーバーしている（例えば 0.51％）にもかかわらず，100 個製作して不適合 0 個の確率は，上記とほぼ同等の約 60％になる．

本例は若干の応用は必要であるが，二項分布の知識を活用している．統計的方法について学ぶ場合，代表的な分布として正規分布について一通り学んだ後で，その他の分布として二項分布・ポアソン分布について簡単に紹介されるケースが多い．ページ数としてもそれぞれ 2 ページ程度である．二項分布として紹介されている例も，"赤玉が 900 個，白玉が 100 個，合計 1 000 個入った袋の中からランダムに 20 個取り出すときに，いくつの白玉が入っているであろうか" といったものが多い．統計的方法の 1 つとして二項分布を学ぶには，これでよいと思われるが，残念ながら開発・設計や品質管理の場面において，【例 3】のようなケースに活用できないのが実情である．

【例 2】，【例 3】いずれのケースでも，目に見えているのは "得られたデータ" と "規格・目標" の 2 つである．そこで，あまりにも素直にこの 2 つを比較してしまいがちである．しかし，的確な判断をするためには，図 8.4 に示すように統計的考え方の基本を活用して，目に見えていない母集団の特性の分布を推定し，この分布と "規格・目標" を比較する必要がある．

次の【例 4】も，実務の中でしばしば見られるケースである．さまざまな統計的方法の中でも相関・回帰は理解が比較的容易なこともあり，活用頻度は高

い．そのこと自体は望ましいことであるが，得られたデータの背後にある母集団がどの程度ばらつくのかへの配慮が不足していることが多い．

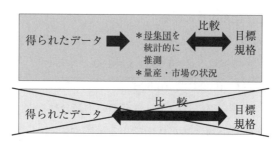

図 8.4　目標・規格と何を比較するか

【例4】

部品 A の硬さ y は，システムの機能を保証するための重要な特性であり，硬さに支配的な影響を及ぼす設計変数（例えば，ある成分の含有量）x と強い正の相関があった．そこで回帰直線を求めたところ，次の回帰式が得られた．

$$y = 10.5 + 2.4\,x \tag{8.1}$$

ここで，硬さ y は 80 以上とすることが求められていたとする．そこで，(8.1)式に $y = 80$ を代入すると $x = 28.96$ となるので，設計変数 x は 28.96 以上必要であることを指示することにした．これで問題ないだろうか？

このケースでは回帰分析を実施していることから，統計的なお墨付きももらったような錯覚に陥っている．設計変数 x は 28.96 以上必要であるとの回答に対して，"それでは，$x = 28.96$ でデータを数多くとったときに，硬さ y の値は常に 80 になるか？" と尋ねると，"いや，ばらつく" と答え，ここでようやくばらつきを考慮しなければならないことに気がつく．回帰分析について述べている書籍（例えば，永田[1]）では，母平均の信頼区間と個々の値の予測区間

について言及している．研修においても講師から説明があったはずであるが，残念ながら実務で活かされていない．

以上，4つの例を通して"データから母集団を推測し，母集団が規格や目標を満足しているかどうかを見る"ことと，"ばらつきへの意識・配慮"に，統計的考え方が重要な役割を果たすことを述べてきた．では，製造業において開発・設計技術者として良い仕事をするためには，経験年数に応じてどのような統計的方法を習得していけばよいのだろうか？ 次節では，開発・設計技術者としてキャリアを積んでいく中で必要となる統計的方法や，知識習得状況の確認方法などについて述べる．

8.2 開発・設計技術者に必要な統計的考え方

開発・設計技術者の入社後の経験年数と，必要な統計的方法に関する知識との標準的な対応を示すと表8.1のようになる．

表8.1において，QC的問題解決は統計的方法ではないが，全ての基本となる最も重要なものであり，統計的方法は問題解決を的確・効率的に進めるための方法論となる．なお，"問題"というと不具合・困りごとを連想しやすいが，開発・設計において新たなものを作り出していくことも含んでいる．論文に型・基本的な流れがあるように，開発・設計に限らず，全ての業務に型・基本的な流れがある．自身が取り組んだ業務をまとめる場合，20年・30年のベテ

表8.1 入社後の経験年数と必要な統計的方法

- 入社 1～2 年目
  QC 的問題解決，QC 七つ道具
- 入社 3～4 年目
  新 QC 七つ道具，正規分布，二項分布，ポアソン分布，検定・推定，相関・回帰，分散分析（一元・二元配置）
- 入社 7～8 年目
  直交表，重回帰分析

ランであっても QC 的問題解決を知らないと，まとめられた内容は第三者には大変分かりにくいことが多い．一方，入社間もない開発・設計技術者であっても，QC 的問題解決に則ってまとめられていると，理解は容易となり説得力もある．QC 的問題解決は，入社したらまず習得すべきものである．社内教育として実施している企業も多いが，もし社内で実施していない場合は，例えば細谷[6]などで学ぶとよい．

入社1～2年目は，QC 的問題解決とともに QC 七つ道具を習得し，技術者としての基礎を固める時期である．高度な手法を使うと難しい問題が解決できるわけではなく，QC 七つ道具レベルの手法でも上手に活用し，QC 的問題解決に則って仕事を進めるとうまくいくケースが決して少なくない．事実・データに基づかず，QC 的問題解決のセオリーを無視して問題解決を進めると，表面に現れている現象のみを問題と捉え，自身のこれまでの狭い経験に基づいた対策を実施し，現象が鎮静化すると問題が解決したという錯覚に陥る．しかし多くの場合，しばらくしてまた同じ問題が再発したり，別の問題が発生したりして，モグラ叩きの世界に入っていくことになる．

基礎固めが終わった後の入社3～4年目は，いよいよ統計的方法を本格的に習得する段階となる．表8.1では数多くの手法が列記されているが，これらを一通り学ぶには5日程度をみておくとよい．8.1節に示した4つの例は，入社3～4年目に習得すべき手法の知識で解くことができる．開発・設計を含む全ての技術者が，これらの手法を習得して必要な場面で活用するようになれば，日本のものづくり品質は格段に向上し，日常至るところに見られるやり直し・手戻りも激減すると思われる．トヨタ自動車では，表8.1の入社7～8年目に記載してある手法も含めて全ての手法を，入社3年目までに全技術者必須で受講するようにしている．

入社3～4年目での習得を推奨している手法の中に，相関・回帰と分散分析（一元・二元配置）がある．相関・回帰は，1つの特性と1つの要因の関係を見るものであり，分散分析（一元・二元配置）は，因子（要因）を1つ，または2つ取り上げて実験を行うものである．しかし現実には，1つの特性と多

くの要因の関係を調べたり，数多くの因子を取り上げて実験を行ったりすることが多い．このような場合に対応するために，相関・回帰と分散分析（一元・二元配置）を拡張した重回帰分析と直交表を入社7～8年目あたりで習得しておくと，統計的方法の活用範囲も更に広いものとなる．

統計的方法を学ぶには，可能であれば研修を受講するとよい．社内研修がある場合は，これを受講することが一番である．おそらく，手法に関する解説だけではなく，社内の事例や活用状況などについても聴くことができるであろう．社内研修がない場合は，日本規格協会，日本科学技術連盟，中部品質管理協会などが主催する研修を受講するとよい．詳細は，各団体のホームページを閲覧することで把握できる．書籍としては，永田[2]などがある．

独学で学ぶにしても研修を受講するにしても，学んだことが知識として身についていなければならない．自分自身の知識習得状況を確認する方法としては，品質管理検定（以下，"QC検定"という）にチャレンジしてみるとよい．詳細はQC検定センターの情報を確認する必要があるが，検定試験は毎年3月と9月に全国各地で実施され，クラスは1級から4級までである．表8.1で開発・設計技術者の入社後の経験年数に応じて習得が必要な統計的方法を紹介したが，QC検定と対応させると，入社2～3年で3級，7～8年で2級程度を習得していることが望ましい．製造業の中には，社内の全技術者が2級に合格するよう取り組んでいるところもある．表8.2は，QC検定レベル表から2級の試験範囲のうち，品質管理の手法に関する部分を抜粋したものである．参考書籍としては，例えば仁科[3]がある．また，SQCを推進する部署のスタッフや，社内研修で講師を担当する人は，更に上級の1級の合格を目指すとよい．

8.3 知識習得後にやるべきこと

次に，統計的方法に関する知識を習得した後にやるべきことについて述べる．一言でいうと，できるだけ多くの場面で活用することに尽きる．せっかく手間暇かけて研修を受講しても，受講後，半年間使わないとほとんど忘れてしまう．

表 8.2 QC 検定（2 級）レベル表（抜粋）

■データの取り方とまとめ方
　サンプリングの種類《2 段，層別，集落，系統》と性質
■新 QC 七つ道具
　親和図法／連関図法／系統図法／マトリックス図法
■統計的方法の基礎
　正規分布（確率計算を含む）／二項分布（確率計算を含む）／ポアソン分布（確率計算を含む）／統計量の分布（確率計算を含む）／期待値と分散／大数の法則と中心極限定理【定義と基本的な考え方】
■計量値データに基づく検定と推定
　検定・推定とは／1 つの母分散に関する検定と推定／1 つの母平均に関する検定と推定／2 つの母分散の比に関する検定と推定／2 つの母平均の差に関する検定と推定／データに対応がある場合の検定と推定
■計数値データに基づく検定と推定
　母不適合品率に関する検定と推定／2 つの母不適合品率の違いに関する検定と推定／母不適合品数に関する検定と推定／2 つの母不適合品数の違いに関する検定と推定／分割表による検定
■管理図
　$\bar{X}\text{-}s$ 管理図／X 管理図／p 管理図，np 管理図／u 管理図，c 管理図
■抜取検査
　抜取検査の考え方／計数規準型抜取検査／計量規準型抜取検査
■実験計画法
　実験計画法の考え方／一元配置実験／二元配置実験
■相関分析
　系列相関《大波の相関，小波の相関》
■単回帰分析
　単回帰式の推定／分散分析／回帰診断《残差の検討》【定義と基本的な考え方】
■信頼性工学
　品質保証の観点からの再発防止，未然防止／耐久性，保全性，設計信頼性【定義と基本的な考え方】／信頼性モデル《直列系，並列系，冗長系，バスタブ曲線》／信頼性データのまとめ方と解析【定義と基本的な考え方】

凡例　（　）：注釈や追記事項
　　　《　》：具体的な例
　　　【　】：その項目の出題レベルの程度や範囲
注）2 級の場合，表 8.2 に加えて 3 級と 4 級の範囲を含んだものが 2 級の試験範囲となる．

8.3 知識習得後にやるべきこと

統計的方法を活用する場面がないとしばしば言われるが，気づいていないケースが大半である．開発・設計技術者は，日常何らかのデータと接している．難しく考えず，例えば以下のような対応をしてみるとよい．

(1) 1変数のデータがある場合

データ数が50以上あるならば，ヒストグラムを描いてみる．その上で，"分布の形はどうなっているか？" "平均値やばらつき（標準偏差）はいくつか？" "規格や目標との関係はどうなっているか？" などを見る．

データ数がヒストグラムを描けるほど多くない場合は，"狙い（目標）を満足したといえるか検定してみる" "母平均の信頼区間は？" "個々の値の予測区間は？" などが実施できる．

(2) 要因と結果の対になったデータがある場合

散布図を描いてみる．その上で，"外れ値はないか？" "要因と結果にはどのような関係があるか？" を見る．もし要因と結果の間に直線関係があるならば，"相関係数はいくらか？" "回帰直線を求める" "回帰直線に，母平均の信頼区間と個々の値の予測区間を入れる" などができる．

地味なようであるが，こういったことを毎日継続していくと，知らず知らずのうちに統計的ものの見方・考え方が身についていく．また，統計的方法を活用するに当たっては，一番に実施すべきはデータをヒストグラムや散布図などの図に表すことである．近年は統計解析ソフトが充実してきたこともあり，さまざまな解析が瞬時に実行可能である．しかし，数値データにいきなり統計解析を実施して，その解析結果を見ることには危険を伴う．有名な例として，アンスコムの数値例がある[7]．

多くの場面で活用していくと，研修で習った通りにはいかないことに遭遇することがある．この状態を放置しあきらめてしまうと，せっかく習得した知識・スキルが活用されず，やがては研修受講そのものが無意味なものとなってしまう危険がある．このことを防止するには，アドバイスやサポートを得ることが必要である．身近で詳しい人やSQCを推進する部署のスタッフに相談が

できるならば，迷わず相談するのが一番である．もし相談できる相手がいない場合は，参考となる書籍として永田[1]や廣野・永田[4]，富士ゼロックス(株)QC研究会[5]などがある．品質管理を普及する団体が主催する研修の中には，統計的方法を学ぶとともに受講生一人ひとりのテーマ指導を行っているものもある（例えば日本規格協会の"品質管理と標準化セミナー"）．ここでは，受講生が登録したテーマ（自分の業務）に対して数回の指導を直接受けることができる．

また，発表会に参加して統計的方法を活用した具体事例を聴くことからも，多くの有益な示唆が得られる．発表事例の多くは，QC的問題解決の手順に則り統計的方法をうまく活用しているので，生きた見本となる．社内で発表会を開催している場合は，ぜひ一度参加すべきである．品質管理を普及する団体でも毎年継続的に発表会を開催しているので，確認してみるとよい．

参 考 文 献

[1] 永田靖（1996）：『統計的方法のしくみ』，日科技連出版社．
[2] 永田靖（1992）：『入門統計解析法』，日科技連出版社．
[3] 仁科健編（2006）：『品質管理の演習問題と解説　QC検定試験2級-3級対応』，日本規格協会．
[4] 廣野元久・永田靖（2013）：『アンスコム的な数値例で学ぶ統計的方法23講』，日科技連出版社．
[5] 富士ゼロックス(株)QC研究会編（1989）：『疑問に答える実験計画法問答集』，日本規格協会．
[6] 細谷克也（1989）：『QC的問題解決法』，日科技連出版社．
[7] Anscombe, F. J. (1973): Graphs in Statistical Analysis, *The American Statistician*, Vol.27, No1, pp.17-21.

第9章 安全率をどのような値にしたらよいか分からない

製品や部品の強度設計を行う場合，用いる材料の強度（引張強さ，疲労強度など）を安全率で割って許容できる強度としている．しかし，安全率が与えられている場合はいいが，自分で設定するとなると根拠が不明確で安全率をどのような値にするのがよいか困ったことがあるのではないだろうか．それは安全率が経験的に定められた係数である場合が多いためで，ここでは統計的に求めることができる安全率とその留意点について紹介する．

9.1 はじめに

市場での製品や部品（以下，製部品という）の信頼度を確保するには，実際の使われ方（使用頻度・時間，気候・周囲環境など）による劣化なども考慮して製部品の強度を検討する必要がある．つまり強度設計をする上で許容できる強度を検討しておく必要がある．しかしながら，設計時に製部品の強度やそれに加わる負荷を見積もる上で不確実な部分が残るため，製部品が許容できる強度にある程度の余裕を持たせる必要があり，安全率（又は安全係数）が用いられている．

製部品の各部に加わる外力に対する機械的な強度検討で用いられる安全率は，一般的に応力に基づくものが多く，自動車技術会[2]及び日本機械学会[5]によると，許容できる強度（許容応力）を求めるために次のように用いられている．

　　　許容応力＝基準強度／安全率

　　　　許容応力：製部品の各部に加わる応力で不具合を生じない限界の応力
　　　　基準強度：製部品の各部を構成する材料の基準になる強度で降伏点，

引張強さ，疲労強度など

このような安全率の計算は，現在でも経験的な係数を用いる場合がほとんどだが，統計学を用いた新しい考え方による安全率も出てきている．

次に代表的な許容応力の考え方を示す．

① 古典的な考え方による許容応力

　基準強度として荷重の加わり方に関係なく，製部品の各部を構成する材料の引張強さを用いる．安全率として，静荷重・繰返し荷重・衝撃荷重などによって経験的に決められた値を用いる．西田[4]及び日本材料学会[6]によると，アンウィンの安全率，カーデュロの安全率などがこれに相当する．

② 一般的な許容応力

　基準強度は，実際の荷重に対応した強度（引張強さ，降伏点，疲労強度など）を用い，更に使用環境（温度，時間，腐食，摩耗など）や製部品の状況（表面粗さ，切欠き有無など）を考慮して実物の強度を推定して利用する．邉ら[7]によると，安全率は経験的に決められた値（例えば2〜4など）を用いる．

③ 新しい考え方による許容応力

　製部品の基準強度や使用応力にはばらつきがあるので，それぞれに分布を仮定し，故障が発生する（使用応力が基準強度を上回る）確率を統計学的に問題にならない程度に小さくなるよう許容応力を決める．この場合の安全率は，各分布が正規分布に従う場合には各分布の平均値の比として求める．

ここでは"安全率をどのような値にしたらよいか分からない"という困りごとに対し，③の新しい考え方による安全率（統計的な安全率）の求め方とその留意点について紹介する．

9.2　統計的な安全率の考え方

部品に加わる負荷の分布と部品の強度分布を把握し，強度分布を上回る負荷

が加わったときに故障（変形など）が発生すると考える．この状況を図9.1に示す．この観点については塩見[1]を参照されたい．

負荷及び強度が正規分布に従うとすると，安全率は次のように求まる．

$$安全率 = \frac{部品の強度分布の平均値}{部品に加わる負荷の分布の平均値} \quad (9.1)$$

また，(9.2)式に示すように，目標とする信頼度を設定し，これを満足させる部品の強度分布を求めることにより，必要な安全率を求めることもできる．

$$必要な安全率 = \frac{目標とする信頼度を満足させる部品の強度分布の平均値}{部品に加わる負荷の分布の平均値} \quad (9.2)$$

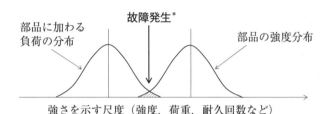

* 厳密には斜線部分の横軸の範囲で故障確率が大きくなる．図9.2，図9.4も同様である．

図 9.1 部品の強度分布と部品に加わる負荷の分布

9.3　安全率の計算例

●計算例1：試作した部品の安全率を求め，信頼度も確認する

部品の強度 X の分布と部品に加わる負荷 S の分布を調査した結果，

$$X \sim N(\mu_X, \sigma_X^2), \quad S \sim N(\mu_S, \sigma_S^2)$$

だったとし，これらの関係を図示すると図9.2のようであったとする．

この場合の安全率は，(9.1)式より，

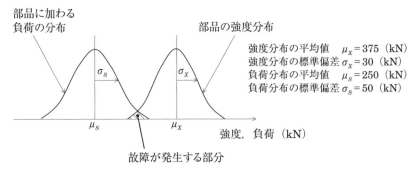

図 9.2 部品の強度分布と部品に加わる負荷の分布

$$\text{試作部品の安全率} = \frac{\text{強度分布の平均値}}{\text{負荷の分布の平均値}} = \frac{375 \text{ (kN)}}{250 \text{ (kN)}} = 1.5 \quad (9.3)$$

と計算できる.

次に,この場合の信頼度を求める.

図 9.2 で,強度分布と負荷分布が重なっている部分では,部品に加わる負荷が部品の強度を上回っているため,この部分で故障が発生する.一方,強度 X の分布と負荷 S の分布が共に正規分布に従っていると,図 9.3 に示すようにこれらの差の分布 $(X-S)$ も正規分布に従う.つまり,この差の分布において $X-S<0$ ならば故障し,$X-S>0$ ならば故障しないといえる.$X-S$ の平均値及び標準偏差は次のようになる.

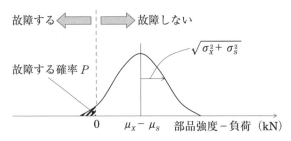

図 9.3 部品強度と負荷の差の分布

$$X-S \text{の平均値} = \mu_X - \mu_S = 375 - 250 = 125 \text{ (kN)} \quad (9.4)$$

$$X-S \text{の標準偏差} = \sqrt{\sigma_X^2 + \sigma_S^2} = \sqrt{30^2 + 50^2} = 58.31 \text{ (kN)} \quad (9.5)$$

信頼度 R は次のように計算する．

$$u = \frac{X-S-(\mu_X-\mu_S)}{\sqrt{\sigma_X^2+\sigma_S^2}} \quad (9.6)$$

とすると，$u \sim N(0, 1^2)$ なので，

$$\text{故障確率 } P = \Pr(X-S<0) = \Pr\left\{u < \frac{0-(\mu_X-\mu_S)}{\sqrt{\sigma_X^2+\sigma_S^2}}\right\}$$

$$= \Pr\left\{u < \frac{-125}{58.31}\right\} = \Pr\{u < -2.144\} = 0.016 \Rightarrow 1.6\% \quad (9.7)$$

となる．

$$\text{信頼度 } R = 1 - \text{故障確率 } P = 1 - 0.016 = 0.984 \Rightarrow 98.4\% \quad (9.8)$$

よって信頼度 R は，98.4%になる．

・**留意点** 信頼度向上には部品強度のばらつき（標準偏差）改善も必要．

　本例で，安全率は1.5もあり一見問題なさそうに見えるが，故障確率は1.6%もあり，生産数量が多い場合は問題である．この部品の信頼度を更に向上させるには，故障確率 P の計算式（9.7)式からも分かるように強度分布の平均値 μ_X を大きくするだけでなく，そのばらつき（標準偏差 σ_X）も改善していく必要があることが分かる．

次の計算例2では，強度と負荷の各分布の平均値だけでなく，ばらつき（標準偏差）も考慮し，目標とする信頼度を満足させるために必要な安全率を求める．

●**計算例2：目標とする信頼度を満足するために必要な安全率を求める**

信頼度99.90%を満足するために（9.2)式を用いて必要な安全率を求める．

　ここでは部品に加わる負荷の分布と部品の強度分布の標準偏差は計算例1と同じと仮定する．よって，あとは目標とする信頼度を満足する部品の強度分

布の平均値 μ_{XT} が分かれば，必要な安全率を求めることができる．この状況を図9.4に示す．

この安全率は (9.2)式より，目標とする信頼度99.90%を満足する部品の強度分布と部品に加わる負荷の分布との平均値の比として求めることができる．

$$必要な安全率 = \frac{目標とする信頼度を満足する部品の強度分布の平均値}{部品に加わる負荷の分布の平均値}$$

$$= \frac{\mu_{XT} \text{ (kN)}}{250 \text{ (kN)}} \tag{9.9}$$

強度 XT と負荷 S が共に正規分布に従うことを仮定すると，これらの差（$XT-S$）の分布も正規分布に従う．信頼度 R は計算例1と同様に計算することができる．

$$信頼度 R = 1 - \Pr\left\{u < \frac{0-(\mu_{XT}-\mu_S)}{\sqrt{\sigma_{XT}^2+\sigma_S^2}}\right\} = 1 - \Pr\left\{u > \frac{\mu_{XT}-\mu_S}{\sqrt{\sigma_{XT}^2+\sigma_S^2}}\right\}$$

$$= 1 - \Pr\{u > u_{XT}\} = 1 - 0.0010 = 0.9990 \tag{9.10}$$

ここで，

$$u_{XT} = \frac{\mu_{XT}-\mu_S}{\sqrt{\sigma_{XT}^2+\sigma_S^2}}$$

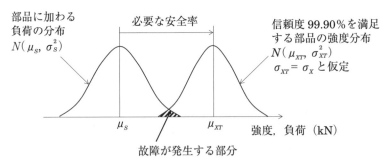

図 9.4 信頼度99.90%を満たす部品の強度 XT の分布

9.3 安全率の計算例

である．(9.10)式で故障確率 $P = 0.0010$ となる u_{XT} を正規分布表から求めると，$u_{XT} = 3.09$ になるので，目標とする信頼度を満足する部品の強度分布の平均値 μ_{XT} は次から求めることができる．

$$u_{XT} = \frac{\mu_{XT} - \mu_S}{\sqrt{\sigma_{XT}^2 + \sigma_S^2}} = \frac{\mu_{XT} - 250}{\sqrt{30^2 + 50^2}} = 3.09 \tag{9.11}$$

上式より，

$$\mu_{XT} = 430.2 \text{ (kN)} \tag{9.12}$$

となる．これで，目標とする信頼度を満足する部品の強度分布の平均値 μ_{XT} が分かったので，必要な安全率を求めると，

$$必要な安全率 = \frac{\mu_{XT}}{\mu_S} = \frac{430.2}{250} = 1.72 \tag{9.13}$$

となる．つまり，信頼度 $R = 99.90(\%)$ を満足させるためには，部品の強度分布の平均値を 430.2（kN）まで向上させ，安全率を 1.72 にする必要があることが分かる．

・**留意点** 安全率が大きくても一概に安心はできない．

計算例 2 では，目標とする信頼度を満足させるために計算例 1 よりも部品強度の安全率を大きく，つまり強度分布の平均値を大きくしたが，そのばらつき具合（標準偏差）は計算例 1 と同じと仮定した．

しかし，部品の強度改善の結果，実際のばらつき（標準偏差）が例えば

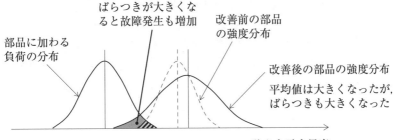

図 9.5 部品の強度分布のばらつきが大きくなったときの故障発生状況

10%悪化（$\sigma_{XT}=1.1\sigma_X$）してしまったとしたら，故障率は 0.13%（当初見込み 0.10%）と当初見込みの 1.3 倍になる．つまり，図 9.5 に示すように部品強度の平均値が大きくなるよう改善しても，概してばらつきも大きくなる傾向があり，安全率が大きくなっても一概に安心はできない．

9.4 おわりに

統計的に求めることができる安全率とその留意点について紹介した．本章で示した計算例の製部品の強度や製部品に加わる負荷については，それぞれの母集団分布が分かっているものとして各分布の平均値や標準偏差の母数を用いて計算している．しかし，サンプル数の制約などで，これらの母集団を十分に把握することが困難な場合は，それぞれの母数の推定値，できれば最悪側の値を用いることが望ましい．母数の推定については，永田[3]に詳しい解説がある．

参 考 文 献

[1] 塩見弘（1967）：『信頼性工学入門』，丸善．
[2] 自動車技術ハンドブック編集委員会編（2006）：『自動車技術ハンドブック』第 8 分冊（生産・品質編）改訂版，自動車技術会．
[3] 永田靖（1992）：『入門統計解析法』，日科技連出版社．
[4] 西田正孝（1973）：『応力集中』増補版，森北出版．
[5] 日本機械学会編（1987）：『機械工学便覧』新版，日本機械学会．
[6] 日本材料学会編（1995）：『疲労設計便覧』，養覧堂．
[7] 邉吾一・藤井透・川田宏之編（2001）：『標準 材料の力学』，日刊工業新聞社．

第 10 章　パラメータ設計で再現性が得られない

　特性のばらつきを小さくするため，品質工学の中でもロバスト設計手法といわれているパラメータ設計を行ったが，確認実験で再現性が得られず困ったことがあるのではないだろうか．例えば，次のような場面である．

　場面：多くの 3 水準の制御因子を評価できる混合系直交表 L_{18}（以下，L_{18} 直交表という）を使ってパラメータ設計を行った．しかし，図 10.1 に示すように SN 比や感度の推定した利得と確認実験で得られた利得との差が大きく再現性が得られなかった．立林[2]によると，その差が ± 3(db) 以内なら再現性があるとしているが，今回はそれ以上で，どうやったら再現性が得られるのかも分からず困ってしまった．

確認実験結果（最適条件での推定値と確認実験値）

	SN 比 (db)		感度 (db)	
	推定値	確認実験値	推定値	確認実験値
最適条件	16.5	15.7	21.8	21.6
現行条件	5.3	10.5	15.5	20.5
利得（差）	11.2	5.2	6.3	1.1
利得の差 （推定値 − 確認実験値）	6.0		5.2	

利得の差が SN 比，感度ともに大きいので**再現性は**ないと判断できる．

図 10.1　パラメータ設計での再現性確認例

10.1 はじめに

パラメータ設計で再現性が得られないとは，推定した利得と確認実験で得られた利得の差が大きいということだが，主な原因として制御因子間の交互作用が大きいことが考えられる．なぜならパラメータ設計でよく使われる L_{18} 直交表では，主効果と交互作用は分離できず，3水準の制御因子同士の交互作用は残りの3水準の列に少しずつ交絡するので各列の効果には交互作用も含まれる．しかし，含まれる交互作用の割合が主効果に対して大きくても，これを主効果とみなして効果推定をすることから交互作用が小さい場合はいいが，大きい場合は最適条件や現行条件での要因効果の推定がうまくいかず，確認実験値との間に大きな差が生じる．この点に関する理論的な考察は日本品質管理学会中部支部産学連携研究会[3]の7.8節に示されている．

また L_{18} 直交表を使う場合の注意点について，廣野・永田[4]及び宮川[5]によると，第2列は他の列に比べて交互作用と交絡する程度が大きく（例えば，第4列と第5列に割り付けられた因子の2因子交互作用は第2列に完全交絡する），この列に割り付けることは危険性が高いと述べている．

ここでは，"パラメータ設計で再現性が得られない"という困りごとに対し，再現性を向上させるために制御因子間の交互作用を小さくする方法を数値例を交えて紹介する．どんな場合でも使えるという方法ではないが，適宜，活用していただきたい．

10.2 解決のための考え方

交互作用を小さくする方法については，田口[1]に次のような記述がある．

（前略）**本書では，ほとんどの場合，交互作用を考慮していない．それは交互作用がないからではない．交互作用がありうるから，交互作用を省略した主効果のみの実験をするのである．交互作用が大きいと**

きには，あらゆる組み合わせの実験以外のどんなわりつけでもうまくゆかない．1因子ずつの実験でも，交互作用を省略した直交表の実験でもうまくゆかないのである．**交互作用を小さくする方法は，わりつけではなく，つぎのような固有技術や解析技術で解決すべき事柄**だからである．

(1) **加法性や単調性のある特性に変える**

(2) **因子の水準について相互関係を考える**

(3) **分類値のときには累積法のような正しい解析をする**

［出典　田口玄一（1976）：『第3版 実験計画法 上』，丸善，p.148.］

上記より特性が計量値の場合に応用できる(1)と(2)について，交互作用を小さくする方法として2つの例を次に示す．

【例1】加法性や単調性のある特性に変えて交互作用を小さくする

例えば，特性が $y = A^{\alpha} B^{\beta} C^{\gamma} D^{\delta}$ のような関係になっているときは特性の対数をとれば，交互作用は消去される．ここで A, B, C, D は変数，$\alpha, \beta, \gamma, \delta$ は定数である．

$$y = A^{\alpha} B^{\beta} C^{\gamma} D^{\delta} \tag{10.1}$$

$$\log y = \alpha \log A + \beta \log B + \gamma \log C + \delta \log D \tag{10.2}$$

図 10.2 に $\alpha = \beta = 0.5$，$\gamma = \delta = -0.5$ として，$y = A^{\alpha} B^{\beta} C^{\gamma} D^{\delta}$ の対数変換前後のグラフを示す．各変数 A, B, C, D の値は表 10.1 とする．

【例2】因子の水準について相互関係を考えて交互作用を小さくする

例えば，関数 $y = (A - B)^2 + 5B$ のように，因子 B の水準ごとにもう一方の因子 A の最適水準（ここでは特性が最小となる水準）が移動するような特性の場合は，因子 B の水準ごとに因子 A の第2水準が最適になるよう水準ずらしを行うと交互作用が小さくなる．水準ずらし前後のグラフを図 10.3 に示す．

次節の "10.3 数値例" では，制御因子間に交互作用がある場合でも上記方法を用いれば，割り付けた列にはそれなりの主効果が現れ，割り付けていない列には交互作用の影響が小さくなることをサンプルデータを用いて具体的に示す．

第 10 章　パラメータ設計で再現性が得られない

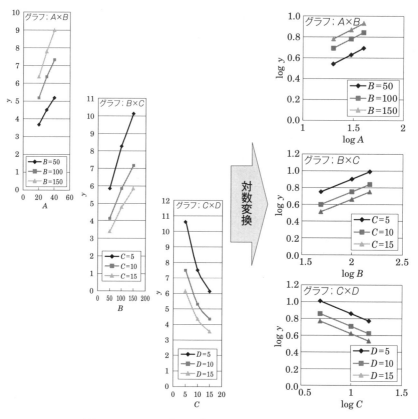

図 10.2　$y = A^\alpha B^\beta C^\gamma D^\delta$ の対数変換前後のグラフ

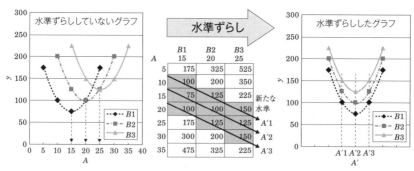

図 10.3　関数例 $y = (A-B)^2 + 5B$ の水準ずらし前後のグラフ

10.3 数 値 例

【数値例1】加法性や単調性のある特性に変えて交互作用を小さくする

ここでは【例1】で取り上げた4変数の関数 $y = A^\alpha B^\beta C^\gamma D^\delta$ ($\alpha = \beta = 0.5$, $\gamma = \delta = -0.5$) を使い,具体的に L_{18} 直交表に割り付け,解析する.各変数は表10.1のように制御因子として各3水準とり,誤差因子としては表10.2のように各変数(制御因子)の基準値から±5%変動とし,調合して3水準とることにする.

次に,制御因子 A, B, C, D を L_{18} 直交表の第2列から第5列に割り付けて【例1】で紹介した関数 $y = A^\alpha B^\beta C^\gamma D^\delta$ ($\alpha = \beta = 0.5$, $\gamma = \delta = -0.5$) から表10.3のように特性値を求める.また,交互作用を小さくするために特性値を対数変換した結果も表10.3に示す.

更に特性値の対数変換前後のSN比と感度の要因効果図を図10.4と図10.5に示す.

特性値を対数変換していない場合,SN比の要因効果図(図10.4)では因子を割り付けた列(第2列から第5列)及び何も割り付けていない列(第1列

表10.1 制御因子の水準設定

制御因子:等間隔で各3水準に設定

制御因子名	第1水準	第2水準	第3水準
A	20	30	40
B	50	100	150
C	5	10	15
D	5	10	15

表10.2 誤差因子の水準設定

誤差因子:制御因子の基準値 ±5%の範囲で3水準に調合

誤差水準	A, B の値	C, D の値
$N1$ (特性値が小さくなる条件)	基準値×0.95	基準値×1.05
$N0$ (各制御因子は基準値)	基準値	基準値
$N2$ (特性値が大きくなる条件)	基準値×1.05	基準値×0.95

表 10.3 L_{18} 直交表への割付と実験結果

	$ABCD$		特性値			対数変換した特性値		
	1 2 3 4 5 6 7 8		N1	N0	N2	N1	N0	N2
1	1 1 1 1 1 1 1 1		5.72	6.32	6.99	0.76	0.80	0.84
2	1 1 2 2 2 2 2 2		4.05	4.47	4.94	0.61	0.65	0.69
3	1 1 3 3 3 3 3 3		3.30	3.65	4.04	0.52	0.56	0.61
4	1 2 1 1 2 2 3 3		4.96	5.48	6.05	0.70	0.74	0.78
5	1 2 2 2 3 3 1 1		4.05	4.47	4.94	0.61	0.65	0.69
6	1 2 3 3 1 1 2 2		7.01	7.75	8.56	0.85	0.89	0.93
7	1 3 1 2 1 3 2 3		5.72	6.32	6.99	0.76	0.80	0.84
8	1 3 2 3 2 1 3 1		4.67	5.16	5.71	0.67	0.71	0.76
9	1 3 3 1 3 2 1 2		8.09	8.94	9.89	0.91	0.95	1.00
10	2 1 1 3 3 2 2 1		1.91	2.11	2.33	0.28	0.32	0.37
11	2 1 2 1 1 3 3 2		8.09	8.94	9.89	0.91	0.95	1.00
12	2 1 3 2 2 1 1 3		4.96	5.48	6.05	0.70	0.74	0.78
13	2 2 1 2 3 1 3 2		2.86	3.16	3.50	0.46	0.50	0.54
14	2 2 2 3 1 2 1 3		5.72	6.32	6.99	0.76	0.80	0.84
15	2 2 3 1 2 3 2 1		8.58	9.49	10.49	0.93	0.98	1.02
16	2 3 1 3 2 3 1 2		3.30	3.65	4.04	0.52	0.56	0.61
17	2 3 2 1 3 1 2 3		6.61	7.30	8.07	0.82	0.86	0.91
18	2 3 3 2 1 2 3 1		9.91	10.95	12.11	1.00	1.04	1.08

（対数変換）

と第6列から第8列）には主効果及び交互作用効果が現れていいはずだが，どの列にも変化が現れていない．一方，感度の要因効果図では因子を割り付けた列にはそれなりの効果が現れているが，何も割り付けていない列には交互作用の影響が出ていない．L_{18}直交表に割り付けて解析しているので，当然，交互作用の影響も現れていいはずだが，現れておらず，このままでは正しく要因効果の推定ができない．実は，これらの現象は取り上げた関数 $y=A^{\alpha}B^{\beta}C^{\gamma}D^{\delta}$ の乗法効果によるもので，この現象に関する補足解説を 10.5 節に記載しているので参考にしていただきたい．

次に制御因子間の交互作用を減少させるために特性値を対数変換した場合，SN比と感度の要因効果図（図10.5）では割り付けた列（第2列から第5列）にはそれなりの効果が現れ，何も割り付けていない列（第1列，第6列から第8列）には割り付けた列の効果よりも非常に小さな効果しか現れていない．

この結果から，要因効果の推定精度悪化をある程度軽減させることが期待できる．ちなみに，この小さな効果（小さな変動）は，解析ソフトの計算過程で行った有効桁範囲外の丸めの誤差で現れたもので，本来このような効果（変

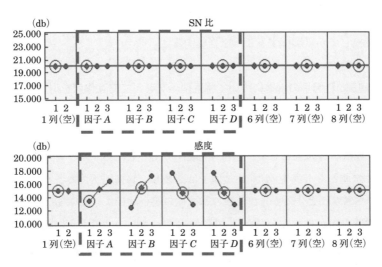

図 10.4 特性値を対数変換していない場合の要因効果図

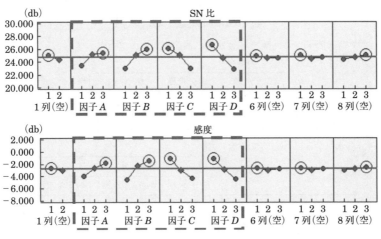

図 10.5 特性値を対数変換した場合の要因効果図

動)は現れず,グラフは水平になる.

以上,【数値例1】では,パラメータ設計で再現性が得られなかった場合の処置例を示した.ここでは,特性の予測式導出やグラフ化などから【例1】で示した(10.1)式のような関係,又は図10.2で示したグラフのような傾向が見られる場合は,少しでも正しく要因効果を推定できるようにするため特性値を対数変換してから解析することを推奨する.

【数値例2】因子の水準について相互関係を考えて交互作用を小さくする

ここでは【例2】で取り上げた2変数の関数 $y = (A - B)^2 + 5B$ を使い,具体的に L_{18} 直交表に割り付け,解析する.

2変数は制御因子として,水準ずらし"なし"と"あり"の場合で,それぞれ各3水準とる(表10.4).誤差因子は2変数(制御因子)の各水準の基準値から±5%変動とするが,2変数の基準値の組合せにより基準値の前後で特性値の増減方向がまちまちになり,【数値例1】の表10.2のように誤差水準をまとめて少なくできない(調合できない)ので,ここでは L_9 直交表に割り付けて9水準にする(表10.5).

制御因子 A, B を L_{18} 直交表の第2列と第3列に割り付けて,【例2】で紹介

表10.4 制御因子の水準設定

制御因子:等間隔で各3水準に設定
〈水準ずらし "なし" の場合〉

	第1水準	第2水準	第3水準
A	15	20	25
B	15	20	25

〈水準ずらし "あり" の場合〉

			A'		
			第1水準	第2水準	第3水準
B	第1水準	15	10	15	20
	第2水準	20	15	20	25
	第3水準	25	20	25	30

した関数 $y=(A-B)^2+5B$ から特性値を計算し求める（表 10.6）．交互作用を減少させるために B の水準ごとに A の水準の基準値をずらした場合の特性

表 10.5 誤差因子の水準設定

誤差因子：制御因子の基準値 ±5%の範囲で 9 水準

誤差水準	A 又はA'の値	B の値
N1	基準値 ×0.95	基準値 ×0.95
N2	基準値 ×0.95	基準値
N3	基準値 ×0.95	基準値 ×1.05
N4	基準値	基準値 ×0.95
N5	基準値	基準値
N6	基準値	基準値 ×1.05
N7	基準値 ×1.05	基準値 ×0.95
N8	基準値 ×1.05	基準値
N9	基準値 ×1.05	基準値 ×1.05

表 10.6 L_{18} 直交表への割付と実験結果

〈水準ずらし "なし" の場合〉

	AB 1 2 3 4 5 6 7 8	特性値							
		N1	N2	N3	N4	N5	N6	N7	N8	N9
1	1 1 1 1 1 1 1 1	71.25	75.56	81.00	71.81	75.00	79.31	73.50	75.56	78.75
2	1 1 2 2 2 2 2 2	117.56	133.06	150.56	111.00	125.00	141.00	105.56	118.06	123.56
3	1 1 3 3 3 3 3 3	209.00	240.56	275.25	195.31	225.00	257.81	182.75	210.56	241.50
4	1 2 1 1 2 2 3 3	93.81	91.00	89.31	104.31	100.00	96.81	116.81	111.00	106.31
5	1 2 2 2 3 3 1 1	95.00	101.00	109.00	96.00	100.00	106.00	99.00	101.00	105.00
6	1 2 3 3 1 1 2 2	141.31	161.00	183.81	132.81	150.00	170.31	126.31	141.00	158.81
7	1 3 1 2 1 3 2 3	161.50	151.56	142.75	186.81	175.00	164.31	215.25	201.56	189.00
8	1 3 2 3 2 1 3 1	117.56	114.06	112.56	131.00	125.00	121.00	147.56	139.06	132.56
9	1 3 3 1 3 2 1 2	118.75	126.56	137.50	120.31	125.00	132.81	125.00	126.56	131.25
10	2 1 1 3 3 2 2 1	71.25	75.56	81.00	71.81	75.00	79.31	73.50	75.56	78.75
11	2 1 2 1 1 3 3 2	117.56	133.06	150.56	111.00	125.00	141.00	105.56	118.06	132.56
12	2 1 3 2 2 1 1 3	209.00	240.56	275.25	195.31	225.00	257.81	182.75	210.56	241.50
13	2 2 1 2 3 1 3 2	93.81	91.00	89.31	104.31	100.00	96.81	116.81	111.00	106.31
14	2 2 2 3 1 2 1 3	95.00	101.00	109.00	96.00	100.00	106.00	99.00	101.00	105.00
15	2 2 3 1 2 3 2 1	141.31	161.00	183.81	132.81	150.00	170.31	126.31	141.00	158.81
16	2 3 1 3 2 3 1 2	161.50	151.56	142.75	186.81	175.00	164.31	215.25	201.56	189.00
17	2 3 2 1 3 1 2 3	117.56	114.06	112.56	131.00	125.00	121.00	147.56	139.06	132.56
18	2 3 3 2 1 2 3 1	118.75	126.56	137.50	120.31	125.00	132.81	125.00	126.56	131.25

表 10.7 L_{18} 直交表への割付と実験結果

〈水準ずらし "あり" の場合〉

	$A'B$ 1 2 3 4 5 6 7 8	特性値								
		$N1$	$N2$	$N3$	$N4$	$N5$	$N6$	$N7$	$N8$	$N9$
1	1 1 1 1 1 1 1 1	93.81	105.25	117.81	89.31	100.00	111.81	85.31	95.25	106.31
2	1 1 2 2 2 2 2 2	117.56	133.06	150.56	111.00	125.00	141.00	105.56	118.06	132.56
3	1 1 3 3 3 3 3 3	141.31	161.00	183.81	132.81	150.00	170.31	126.31	141.00	158.81
4	1 2 1 1 2 2 3 3	71.25	75.56	81.00	71.81	75.00	79.31	73.50	75.56	78.75
5	1 2 2 2 3 3 1 1	95.00	101.00	109.00	96.00	100.00	106.00	99.00	101.00	105.00
6	1 2 3 3 1 1 2 2	118.75	126.56	137.50	120.31	125.00	132.81	125.00	126.56	131.25
7	1 3 1 2 1 3 2 3	93.81	91.00	89.31	104.31	100.00	96.81	116.81	111.00	106.31
8	1 3 2 3 2 1 3 1	117.56	114.06	112.56	131.00	125.00	121.00	147.56	139.06	132.56
9	1 3 3 1 3 2 1 2	141.31	137.25	136.31	157.81	150.00	145.31	178.81	167.25	158.81
10	2 1 1 3 3 2 2 1	93.81	105.25	117.81	89.31	100.00	111.81	85.31	95.25	106.31
11	2 1 2 1 1 3 3 2	117.56	133.06	150.56	111.00	125.00	141.00	105.56	118.06	132.56
12	2 1 3 2 2 1 1 3	141.31	161.00	183.81	132.81	150.00	107.31	126.31	141.00	158.81
13	2 2 1 2 3 1 3 2	71.25	75.56	81.00	71.81	75.00	79.31	73.50	75.56	78.75
14	2 2 2 3 1 2 1 3	95.00	101.00	109.00	96.00	100.00	106.00	99.00	101.00	105.00
15	2 2 3 1 2 3 2 1	118.75	126.56	137.50	120.31	125.00	132.81	125.00	126.56	131.25
16	2 3 1 3 2 3 1 2	93.81	91.00	89.31	104.31	100.00	96.81	116.81	111.00	106.31
17	2 3 2 1 3 1 2 3	117.56	114.06	112.56	131.00	125.00	121.00	147.56	139.06	132.56
18	2 3 3 2 1 2 3 1	141.31	137.25	136.31	157.81	150.00	145.31	178.81	167.25	158.81

値の計算結果も示す（表 10.7）．

次に，水準ずらし "なし" と "あり" の場合の SN 比と感度の要因効果図を示す．

水準ずらし "なし" の場合（図 10.6），SN 比と感度の要因効果図で何も割り付けていない列（第 1 列と第 4 列〜第 8 列）には，因子 A, B を割り付けた列（第 2 列と第 3 列）と同等以上の交互作用効果が現れる．これは，L_{18} 直交表の特徴で仕方ないことだが，要因効果の推定精度を悪くする．

一方，水準ずらし "あり" の場合（図 10.7），SN 比と感度の要因効果図で制御因子 A', B を割り付けた列（第 2 列と第 3 列）にはそれなりの効果が現れ，何も割り付けていない列（第 1 列と第 4 〜第 8 列）には小さな効果しか現れていない．図 10.7 の結果は要因効果の推定精度の悪化をある程度軽減していることを示している．

10.3 数値例

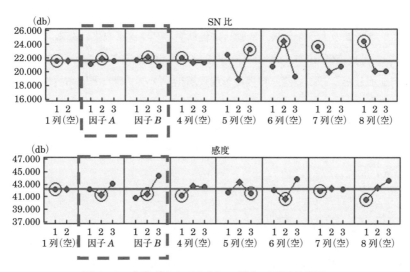

図 10.6 水準ずらし "なし" の場合の要因効果図

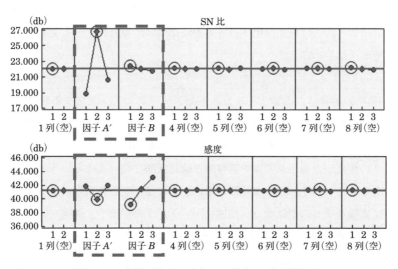

図 10.7 水準ずらし "あり" の場合の要因効果図

ちなみに，4列以降に現れる小さな効果（小さな変動）は【数値例1】と同様で，解析ソフトでの計算過程で行った有効桁範囲外の丸めの誤差で現れたもので，本来このような効果（変動）は現れず，グラフは水平になる．

以上，【数値例2】ではパラメータ設計で再現性が得られなかった場合の処置例を示した．ここでは，特性の予測式導出やグラフ化などから【例2】で示した関数 $y = (A-B)^2 + 5B$ のような関係，又は図10.3で示したグラフのような傾向が見られる場合は，少しでも正しく要因効果を推定できるようにするため水準ずらしをして制御因子間の交互作用を小さくしてから解析することを推奨する．

10.4 おわりに

パラメータ設計で確認実験までやったが，再現性が悪く現場での再現性も期待できず，困ってしまうことがある．その主な原因として制御因子間の交互作用が大きいことが考えられるため本章では交互作用の具体的な低減方法を紹介した．田口[1]に更に交互作用への対処方法について参考にすべき記載があるので，その一部を次に示す．

> （前略）著者は，実験データは，主効果（それに二，三の交互作用を研究者が加えるのは自由だが）で表現できない限り，実験的研究は能率よくゆかないのだから，主効果のみをわりつけて，どれくらいデータの変化が表現されるかを**寄与率**と**確認実験**で調べようというわけである．もし，それがうまくゆかないときには，**交互作用が求まるように実験をするのではなく，前述の(1), (2), (3)の対策や，最適な組合わせの選択はあきらめてやった組合わせの中だけでの最適なもの**，…（中略）…として選ぶ方法を実行すべきだといっているのである．
>
> ［出典　田口玄一（1976）：『第3版 実験計画法 上』，丸善，pp.149-150.］

10.5 補足解説

図 10.4 の SN 比の要因効果図では，因子を割り付けた列（第 2 列から第 5 列）及び何も割り付けていない列（第 1 列，第 6 列から第 8 列）とも主効果や交互作用効果による変動が見られず，グラフは水平になっている．一方，感度の要因効果図では，因子を割り付けた列にはそれなりの要因効果が現れている．しかし，何も割り付けていない列には交互作用効果が現れていいはずだが，これらの各列に変動は見られず，グラフは水平になっている．これらの効果が現れない現象（グラフが水平になる）は，取り上げた関数 $y = A^\alpha B^\beta C^\gamma D^\delta$ の乗法効果によるものである．

なぜこのような結果になるのか以下に解説する．

【例 1】で述べた乗法効果モデル

$$y = A^\alpha B^\beta C^\gamma D^\delta \tag{10.3}$$

を考える．ここでは，簡便のために誤差はないとしている．表 10.2 に示した誤差因子の各水準においてデータの構造を

$$N1: y_1 = (0.95A)^\alpha (0.95B)^\beta (1.05C)^\gamma (1.05D)^\delta$$
$$= 0.95^{\alpha+\beta} 1.05^{\gamma+\delta} A^\alpha B^\beta C^\gamma D^\delta = k_1 y_0 \tag{10.4}$$

$$N0: y_0 = A^\alpha B^\beta C^\gamma D^\delta \tag{10.5}$$

$$N2: y_2 = (1.05A)^\alpha (1.05B)^\beta (0.95C)^\gamma (0.95D)^\delta$$
$$= 1.05^{\alpha+\beta} 0.95^{\gamma+\delta} A^\alpha B^\beta C^\gamma D^\delta = k_2 y_0 \tag{10.6}$$

と表すことができる．

望目特性に関する感度には，3 通りの定義がある．上記の y_1, y_0, y_2 より 3 通りの感度を計算すると次のようになる．本章では，次に示す感度 3 を使用している．

感度 1 　$m = \bar{y} = \dfrac{y_1 + y_0 + y_2}{3} = \dfrac{(k_1 + 1 + k_2)}{3} y_0$

$$= K y_0 \quad (K = k_1 + 1 + k_2) \tag{10.7}$$

感度 2　$10 \log \dfrac{S_m}{n} = 10 \log \dfrac{3\bar{y}^2}{3} = 10 \log(K^2 y_0^2) = 20 \log K + 20 \log y_0$

$\qquad\qquad = 20 \log K + 20(\alpha \log A + \beta \log B + \gamma \log C + \delta \log D)$

$\hfill (10.8)$

感度 3 を計算するために，まず，S_e と V_e を計算する．

$$S_e = (y_1 - \bar{y})^2 + (y_0 - \bar{y})^2 + (y_2 - \bar{y})^2$$
$$= \{(k_1 - K)^2 + (1 - K)^2 + (k_1 - K)^2\} y_0^2 \qquad (10.9)$$

$$V_e = \dfrac{S_e}{n-1} = P y_0^2$$

$$(P = \{(k_1 - K)^2 + (1 - K)^2 + (k_2 - K)^2\}/(n-1)) \qquad (10.10)$$

ここで，K と P は各制御因子の効果の大きさ A, B, C, D とは無関係な定数であることに注意する．これらより，感度 3 は次のようになる．

感度 3　$10 \log \dfrac{S_m - V_e}{n} = 10 \log \dfrac{(3K^2 - P)y_0^2}{3} = 10 \log \dfrac{(3K^2 - P)}{3} + 20 \log y_0$

$\qquad\qquad = 10 \log \dfrac{(3K^2 - P)}{3} + 20(\alpha \log A + \beta \log B + \gamma \log C + \delta \log D)$

$\hfill (10.11)$

以上より，感度 1 は乗法効果モデルのデータの単なる定数倍なので，感度 1 には乗法効果に基づく制御因子間の交互作用が生じる．一方，感度 2 と感度 3 の場合には，対数を取ることによって制御因子の効果が加法的になっているから，制御因子間の交互作用が現れない．したがって，本章では感度 3 を使用しているため図 10.4 の第 1 列，第 6〜8 列では，全く効果が現れていない．

次に，SN 比について考える．表 10.3 の直交表の 1 つの行のデータを考える．例えば，第 18 行を取り上げると A_3, B_3, C_2, D_1 水準が指定されているから，誤差因子の各水準で次のデータが得られる．

$N1: y_{18,1} = (0.95\, A_3)^\alpha (0.95\, B_3)^\beta (1.05\, C_2)^\gamma (1.05\, D_1)^\delta$

$\qquad\quad = 0.95^{\alpha+\beta} 1.05^{\gamma+\delta} A_3^\alpha B_3^\beta C_2^\gamma D_1^\delta = k_1 y_{18,0} \qquad (10.12)$

$N0: y_{18,0} = A_3^\alpha B_3^\beta C_2^\gamma D_1^\delta \hfill (10.13)$

10.5 補足解説

$$N2: y_{18,2} = (1.05\,A_3)^\alpha (1.05\,B_3)^\beta (0.95\,C_2)^\gamma (0.95\,D_1)^\delta$$
$$= 1.05^{\alpha+\beta} 0.95^{\gamma+\delta} A_3^\alpha B_3^\beta C_2^\gamma D_1^\delta = k_2\, y_{18,0} \qquad (10.14)$$

これらより SN 比を求めると，感度3の計算と同様にして

$$\text{SN 比}\quad 10\log\frac{S_{18,m}-V_{18,e}}{nV_{18,e}} = 10\log\frac{3K^2 y_{18,0}^2 - P y_{18,0}^2}{3P y_{18,0}^2}$$

$$= 10\log\frac{3K^2 - P}{3P} \qquad (10.15)$$

となる．これは制御因子の効果が含まれていない定数である．今は第18行を取り出して計算したが，どの行であっても，SN 比は上記とまったく同じ定数になる．すなわち，乗法効果モデルの場合には，そのまま SN 比を計算すると，すべての実験（行）に対して同じ値となってしまい，解析が無意味になってしまう．図 10.4 の SN 比の要因効果図における水準間の違いは丸めの誤差によるものであり，数学的には完全に水平になる．

一方，あらかじめ対数変換を施すと，適切な解析結果を得ることができる．

なお，図 10.4～図 10.7 の要因効果図は統計解析ソフト JUSE-StatWorks で作成した．

参考文献

[1] 田口玄一（1976）:『第3版 実験計画法 上』，丸善．
[2] 立林和夫（2004）:『入門タグチメソッド』，日科技連出版社．
[3] (社)日本品質管理学会中部支部産学連携研究会編（2010）:『開発・設計における"Q の確保"』，日本規格協会．
[4] 廣野元久・永田靖（2013）:『アンスコム的な数値例で学ぶ統計的方法 23 講』，日科技連出版社．
[5] 宮川雅巳（2000）:『品質を獲得する技術』，日科技連出版社．

第11章　実験・評価を最初からやり直せない

　本章では，品質工学（パラメータ設計）の実践活用で散見される"再現性が得られない"場合に，一般的な手順である"実験を最初からやり直す"のではなく，応答曲面法を利用した追加実験を行い，再現性が得られない主原因である交互作用の挙動を把握することで実験・評価のやり直しの大幅削減並びに技術の蓄積・向上につなげる方法論を紹介する．

11.1　パラメータ設計活用時の現状

　パラメータ設計では，L_{18} などの混合系直交表に割り付ける制御因子間に交互作用が存在することが明らかであれば，水準ずらしを行ったり，制御因子自体を変更することを推奨している．筆者が把握しているパラメータ設計の活用数は，社内で年間およそ100件であるが，その中の何人かに制御因子間の交互作用の存在についてヒヤリングした．その結果，"交互作用がないことが技術的に分かっている"との回答は皆無で，実に7割以上が"交互作用がありそ

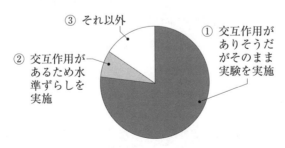

図 11.1　制御因子間の交互作用について

うだがそのまま実験を実施する"と回答した（図11.1）.（もちろん，"交互作用がないときにL_{18}直交表を用いる"と考えているわけではない）

この結果より，固有技術を兼ね備え，社内に蓄積された情報・ノウハウなどを調査している技術者であっても，パラメータ設計を活用する対象が技術の高度化，複雑化によって従来知見の枠からはみ出していることを容易に想像できる．

さらに，実験後（基本は動特性，入力3水準，ノイズ2水準のため108回実験）の再現性確認（利得の差が±3db以内が目安）についてもヒヤリングしたところ，最適条件のSN比が参照条件のSN比と比較して大幅に向上していれば，たとえ再現性が得られなくても，仕事としては先に進む場合があることが判明した．（なお，ここでの"先に進む"とは，パラメータ設計から従来の仕事の進め方に後戻りすることで，再現性が得られていない最適条件を使って仕事を進めるという意味ではない）

再現性が得られない場面での対応方法を，社内テキストでは"基本機能を見直す"もしくは"取り上げた因子間の交互作用を疑う"と記載している．しかし，これらはいずれにせよ108回の実験をやり直すことを意味しており，技術者としては手間とコストを費やして得た実験データの信憑性が低い（＝再現性が得られない）ので振り出しに戻れと言われても，素直に受け入れがたい．計算時間の長いシミュレーションで評価する場合や，作成に時間とコストがかかるテストピースで評価する場合には，特にこの傾向が顕著である．このようなケースでは，少しでも実験データから何らかの知見を得て，先に進みたいと考えるのが自然である．先の例のように再現性が得られなくても仕事としては，先に進む場合があるのはこのような理由だと推測する．

11.2 計画の拡張の提案

本節では，前述のように再現性が得られないときに実験をやり直すのではなく，応答曲面法のD-最適計画を利用した"計画の拡張"によって追加実験を

11.2 計画の拡張の提案

行い，再現性が得られない主原因となる交互作用の挙動を把握することで，実験のやり直しを大幅に削減する方法を提案する．

使用する題材は図 11.1 の結果を踏まえ，交互作用がありそうだが技術知見があまりないものとして，會田[1]が提供している"手作り飛行機コンテストの滑空機"（図 11.2）を用いる．制御因子と水準を表 11.1 に示すが，5 つの制御因子間に交互作用がありそうなことは容易に想像がつく．なお，筆者には滑空機に関する固有技術はほとんどないため，図 11.1 の結果を反映した題材といえる．

この題材で本提案を進めるに当たり，以下の場面を設定した．

① 飛距離を競うコンテストが開催され，当日の風速にかかわらず，安定した飛距離を実現するために滑空機のロバスト設計を行う．
② 想定した風速（ノイズ）は 1 m，2 m，3 m とする．
③ しかし，当日は想定外の風速 3.5 m である．

図 11.2 手作り飛行機コンテストの滑空機

表 11.1 制御因子と各水準

制御因子	第 1 水準	第 2 水準	第 3 水準
主翼角	2.0	2.5	3.0
尾翼角	2.0	2.5	3.0
翼 長	7	8	9
機体重量	90	95	100
モーメントアーム	6	7	8

なお，これらの設定には，パラメータ設計で得られる最適条件が想定外のノイズの影響を受けにくいかどうかについての検証も含まれている．

まず，L_{18}直交表を用いて，通常のパラメータ設計を行った結果を表11.2に示す．

表11.2の結果より，いずれの条件でも風速1m，2mでは200m以上の飛距離が出るが，風速3mでは全く飛距離が出ない条件があることが確認できる（100m以下となる場合がある）．これは，風速がノイズとして強烈であることを示しているとともに，滑空機の飛行メカニズムの複雑さ・難しさの現れともいえる．

表11.2　L_{18}直交表実験の結果

No.	主翼角	尾翼角	翼長	機体重量	モーメントアーム	飛距離		
						風速1m	風速2m	風速3m
1	2.0	2.0	7	90	6	265.7	264.2	94.9
2	2.5	2.5	8	95	7	268.5	269.4	251.7
⋮	⋮	⋮	⋮	⋮	⋮	⋮	⋮	⋮
5	2.5	2.5	9	100	6	283.5	278.7	35.4
⋮	⋮	⋮	⋮	⋮	⋮	⋮	⋮	⋮
17	2.5	2.0	9	90	7	286.6	281.7	267.7
18	3.0	2.5	7	95	8	256.9	262.9	261.7

図11.3に要因効果図（望目SN比）を示す．今回は素直にSN比の高い条件を最適条件として選択した（図中の○）．次に，再現実験を行い，利得の再現性を確認した結果を表11.3に示す．なお，参照条件としてすべての制御因子の第2水準を選択した．

再現実験を行った結果は，263.9m（風速1m），269.6m（風速2m），269.9m（風速3m）となり，レンジが6.0mと小さく，ロバスト性の高い条件であることが確認できた．また，コンテスト当日は風速3.5mのため，その風速での飛距離を確認したところ252.0mとなった．これより，想定外の風速でも安定して飛行することが分かった．しかし，そもそも，表11.3より，SN比の利得の差が9.0dbと再現性が得られていないため，通常のパラメータ

11.2 計画の拡張の提案

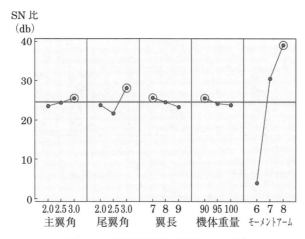

図 11.3 要因効果図（望目の SN 比）

表 11.3 再現性の確認

	SN 比（db）		感度（db）	
	推定値	確認結果	推定値	確認結果
最適条件	45.9	38.1	48.6	48.6
参照条件	27.3	28.5	45.7	48.4
差（利得）	18.6	9.6	2.9	0.2
利得の差	9.0		2.7	

設計の手順では，この最適条件は信憑性がないと判定されてしまう（最初から実験をやり直すことになる）．

そこで，前述の通り，再現性が得られない場合には，"制御因子間の交互作用を疑う"ため，交互作用の存在について挙動を調査した．応答曲面法の D-最適計画を利用した追加実験として，"尾翼角"を軸とした交互作用項を追加して実施することにした．追加する項は次の4つである．

・尾翼角×主翼角
・尾翼角×翼長
・尾翼角×機体重量
・尾翼角×モーメントアーム（すべて1次×1次）

表 11.4 拡張した計画と実験結果（4回）

No.	主翼角	尾翼角	翼長	機体重量	モーメントアーム	飛距離		
						風速1m	風速2m	風速3m
19	3.0	2.0	7	90	8	256.8	261.2	258.3
20	2.0	2.0	9	100	8	271.3	269.5	261.2
21	2.0	3.0	7	100	8	247.3	253.5	256.6
22	2.0	3.0	9	90	6	287.1	280.1	32.7

応答曲面法のD-最適計画で計画を拡張し，追加実験を行った結果を表11.4に示す．

なお，追加実験の回数は追加した項の数と同じにした．この点については，計画の素性のよさを条件数（CN値）やD-効率で評価するなど更に深掘りができるが，今回は実務者が使用することを考慮して，分かりやすさを重視した．

表11.2に表11.4のデータを加えて解析した結果を図11.4に示す．

制御因子間の直交性が崩れているため，本来は応答曲面解析が好ましいが，このような要因効果図でも傾向は推定できる（近似可能）と考えた．図11.4（下）より交互作用の挙動が見える化でき，モーメントアーム以外は交互作用が複雑に絡み合っていることが確認できる．ここで，先ほどと同様，SN比の大きい組合せ（図11.4下図の○）を選択した．このとき，尾翼角は3つの水準，機体重量は2つの水準が選ばれたため，2×3=6通り組合せで風速3.5mにおける飛距離を確認した．その結果を表11.5に示す．

従来のパラメータ設計で得られた最適条件（以下，従来法と呼ぶ）での風速3.5mの飛距離は252.0mであったが，表11.5の条件の中にそれを上回るものがいくつか確認できる．ここで，全水準の組合せ（5因子3水準=243通り）での風速3.5mにおける飛距離を確認し，飛距離上位20の条件を整理したものが表11.6である．これより，従来法で得られた最適条件は15番目に位置し，それよりも飛距離が出る条件が14通りもあること，更にその中に本提案で得られた条件が4通り含まれることが確認できる．また，飛距離上位の各制御因子の水準に着目すると，モーメントアーム以外は出現する水準が目まぐるし

11.2 計画の拡張の提案

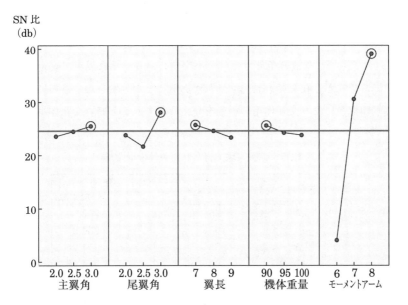

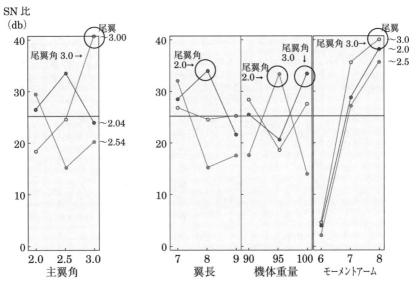

図 11.4 計画拡張後の要因効果図(下)と
拡張前の要因効果図(上,図 11.3 と同じ)

く変わり，交互作用の影響が大きいことも確認できた．

以上をまとめると，交互作用の影響が大きく，再現性が得られない場合に，SN 比最大で選択した最適条件はやはり不完全であり，それ以上に安定して飛距離が出る条件が存在しても見逃す恐れがあることが分かった．さらに，本提案の計画の拡張により交互作用の挙動を見える化することで，交互作用を考慮

表 11.5 拡張実験で得られた条件の飛距離

主翼角	尾翼角	翼長	機体重量	モーメントアーム	風速 3.5 m での飛距離
3.0	2.0	8	95	8	253.5
↑	↑	↑	100	↑	234.9
↑	2.5	↑	95	↑	251.7
↑	↑	↑	100	↑	254.9
↑	3.0	↑	95	↑	266.4
↑	↑	↑	100	↑	252.2

表 11.6 全水準の組合せ（243 通り）における飛距離上位 20

順位	主翼角	尾翼角	翼長	機体重量	モーメントアーム	風速 3.5m での飛距離	備考
1	3.0	3.0	8	95	8	266.4	拡張
2	2.5	2.0	9	100	8	255.7	
3	2.5	3.0	8	100	8	255.2	
4	3.0	2.5	8	100	8	254.9	拡張
5	2.0	2.5	9	100	8	254.9	
⋮	⋮	⋮	⋮	⋮	⋮	⋮	
10	2.5	2.5	8	95	8	253.6	
11	3.0	2.0	8	95	8	253.5	拡張
12	2.5	3.0	7	90	8	252.6	
13	3.0	2.5	7	90	8	252.3	
14	3.0	3.0	8	100	8	252.2	拡張
15	3.0	3.0	7	90	8	252.0	従来法
16	3.0	2.5	8	95	8	251.7	拡張
⋮	⋮	⋮	⋮	⋮	⋮	⋮	
20	2.5	2.5	8	90	8	250.3	

したよりよい条件を見つけ出すことを示した．なお，再現性が得られないときに有効であると言われている制御因子の水準幅を狭めて実験をやり直すことを，狭められる限界まで実験を繰り返したが，最後まで再現性を得ることができなかった（尾翼角の水準幅を $2.5±0.001$ まで狭めて SN 比の利得の差は 8.5 db）．つまり，このような題材では，交互作用を考慮することも重要であるといえる．

11.3　ま　と　め

パラメータ設計活用時の再現性が得られない場面において，考えられる交互作用の影響を見極めるために応答曲面法の D-最適計画を利用した追加実験を行うことで，実験・評価のやり直しの大幅削減につながる方法を説明した．

今後の課題として，

・高い次数の交互作用項の必要可否（今回は 1 次 ×1 次まで）

・拡張する実験回数の最適化

などがあげられる．さらに，本手法の汎用性についても実践に適用し確認する必要がある．

参 考 文 献

[1]　會田裕昌（2005）：鳥シミュ Ver.0.9, http://seesaawiki.jp/mieyasu/, 最終閲覧日 2015 年 6 月 17 日．

第12章　直交表実験が困難な場合の対応方法

　国内で普及している"直交表実験"は，評価したい因子と交互作用を選択して直交表に割り付けて実験する方法であり，総組合せで実験する"要因配置実験"と比較して，実験回数が少ないというメリットがある．しかし，実務においては直交表実験が困難な場合もある．そこで，本章では，それらの場面並びに対応方法として，主に欧米で普及している"応答曲面法"について説明する．

12.1　直交表実験が困難な場面

　直交表実験，要因配置実験，応答曲面法などを総称して実験計画法と呼ぶ．実験計画法は欧米では統計学の専門家が実験を指導するためのものであったのに対し，日本では技術者が勉強して使う道具であった．そのため，活用しやすいように，計画，解析共に分かりやすい直交表実験や要因配置実験が広く普及した．先に述べたように直交表実験は，従来の（多元）要因配置実験に対し，実験回数を減らすことができるため，実務者が直交表実験を選択する場面は多かったといえる．しかし，直交表実験において，因子間の直交性を確保して要因効果の交絡を防ぐためには，現実的な実験回数で扱える因子数，水準数に限界があるのも事実である．実際に直交表実験が困難だと実務者が考える場面を以下に述べる．

　① 直交表実験でも実験回数が多い場合がある．
　② 手ごろな実験回数の直交表がない．
　③ 選択された交互作用によっては直交表に割り付けられないことがある．
　④ 解析の際，実験した水準以外の中間値が選べない．

⑤ 複数の特性がある場合に最適条件を見いだせない．

①については，次の場面が考えられる．最適条件を探索する目的で3水準系の直交表実験を選択する場合を考えると，手ごろな実験回数であるL_{27}が選択されることが多い（L_9では扱える因子数が少なすぎる）．しかし，L_{27}に割り付けられなければその次の直交表はL_{81}となり，実験回数が3倍となってしまう．81回という実験回数は，コストや納期が厳しく，少ない実験回数で効率的な開発を求められる環境下にある実務者にはなかなか受け入れ難い．このように，直交表実験でも実験回数が多くて実施が困難となる場面はある．

②についても同じような理由である．2水準系直交表では$L_8 \to L_{16} \to L_{32} \to L_{64}$と構成されるため，実験回数は8回→16回→32回→64回と2倍ずつ増える．一方，3水準系直交表では$L_9 \to L_{27} \to L_{81}$と構成されるため，9回→27回→81回と3倍ずつ増える．このように実験回数が2倍，3倍に増えるのは実験コストの大幅増加にもつながるため，実務者はもう少し手ごろな実験回数（27回の次が81回ではなく，30回や35回など）の直交表を欲しているのが現状である．

③について説明する．例えば，因子A, B, C, D各3水準の実験を行い，最適条件を見いだしたいとする．このとき，考えられる交互作用は技術的に$A \times B, A \times C, A \times D, B \times C$だとする．自由度は24（因子の自由度と交互作用の自由度の合計）となるため，誤差の自由度を確保してL_{27}に割り付けられそうである．しかし，実際に割り付けようとしても，割り付けることができない．これは選択した交互作用によって割り付けられない典型的なパターンである（L_{27}の線点図に存在しないパターンである）．この場合，L_{27}を選択できないため，次のサイズの3水準系直交表であるL_{81}を選択することになる．これでは，要因配置実験（4元配置実験　$3^4 = 81$回）と実質的に同じことになる．

④について述べる．実験後の解析において，因子が量的変数であれば実験水準の中間値も柔軟に考慮して最適条件を見いだしたいというニーズがある．直交表実験で通常の解析に用いられる分散分析後の推定手順では，実験水準の組合せから，最適条件を選択するため，中間値の選択はしない．ただし，直交多

項式を活用すれば，中間水準を考慮した最適条件も算出は可能であるが，水準の間隔を等しくする，各水準の繰り返し数を同じにするなどの制約や，計算が煩雑などの理由から実際に行うことは少ないといえる．

⑤についても同様である．通常は一特性ずつ分散分析で解析するため，特性によって選ばれた水準が異なるなど背反が生じる可能性がある．なお，④，⑤は要因配置実験でも同じことがいえる．

12.2 応答曲面法とは

国内では直交表を用いる実験が主流であった間に，海外では直交表に捉われずに限られた実験回数という制約の下で，最も効率の良い実験を立案する方法が研究され，実用化されるようになった．近年は，業務において，現象の複雑さから多因子多特性の事象を取り扱うことが多く，多特性を同時に最適化する際の精度も問われている．この場合，少ない実験で予測式を得ることができて，多特性を同時最適化できる応答曲面法（Response Surface Method）が有効であり，先に述べた①〜⑤の場面にも対応することができる（応答曲面法の参考文献として山田[1]，山田ら[2]を参照されたい）．

応答曲面法で用いられる計画の1つであるD-最適計画は，与えられた条件下（実験回数，実験可能領域など）で，課題となる事象を説明するモデル式の項を最も精度よく推定できるよう構成された実験計画である．これを利用することで①，②，③に対応できる．ただし，想定したモデルが間違っていた場合，見当違いの結果を出力する可能性もあり，モデルの技術的な裏付けが必要である．

また，応答曲面法の解析手法である応答曲面解析を用いれば，実験水準の中間値を考慮することも可能であり，かつ満足度関数（望ましさ関数）を用いた同時最適化も可能となる．これにより，④と⑤に対応できる．

ここで，応答曲面法の詳細について説明する．応答曲面法は，計画と解析の部分に分けることができる．前者では，プラケット・バーマン（Plackett-

Burman) 計画,中心複合計画,D-最適計画が代表的である.それぞれ,スクリーニングや最適値探索などの目的に応じて使い分けるが,いずれの計画も効率的にデータをとるための実験計画を提供することが特徴である.そのため,従来の要因配置実験や直交表実験と比較すると,実験回数も少ない傾向にある.参考までに各計画における実験回数を表 12.1 に示す.そして,後者,すなわち,解析の部分については,高次項(2 乗項や 1 次×1 次の交互作用)を考慮した重回帰分析を用いる.2 次程度までの多項モデル式を推定し,設定範囲内での最適値を算出する.これにより,実験に取り上げなかった水準値を最適値として選択することが可能となる.

先に述べたように,応答曲面法のための計画には,因子の絞り込みで使われ

表 12.1 実験回数(計画時)の比較(k は因子数を表す)

水準・因子数 実験方法	2 水準系		3 水準系		
	$k=10$	$k=12$	$k=3$	$k=4$	$k=5$
要因配置実験	$2^{10}=1\,024$	$2^{12}=4\,096$	$3^3=27$	$3^4=81$	$3^5=243$
直交表実験	$L_{16}(2^{15}), L_{32}(2^{31})$		$L_9(3^4), L_{27}(3^{13}), L_{81}(3^{40})$		
応答曲面法	Plackett-Burman 計画		中心複合計画		
			16	26	28
	12	16	D-最適計画		
			10	15	21

表 12.2 応答曲面法の計画の特徴比較

	中心複合計画	D-最適計画
モデル	2 次モデル	多項式モデル
因子の種類	量的のみ	量的＋質的
領域の制約	不可能	可能
既存実験への追加	不可能	可能
実験回数の制約	因子数で決まる (中心の繰り返しは任意)	任意 (求めたい係数の数＋1 以上)
特徴	直交計画では実験しにくい水準値の場合がある	想定したモデルが正しいときのみ最適な計画

る2水準系の実験であるプラケット・バーマン計画や最適条件の探索に使われる中心複合計画とD-最適計画などがある．

ここでは，中心複合計画とD-最適計画について説明する．両者の比較を表12.2に示す．

中心複合計画は，(12.1)式に示すように1次，1次×1次，2次の効果を効率よく推定するための計画で，2次多項式モデルを前提としている．

$$y = \beta_0 + \sum_{i=1}^{k} \beta_i x_i + \sum_{i=1}^{k} \beta_{ii} x_i^2 + 2\sum_{1 \leq i < j \leq k} \beta_{ij} x_i x_j + \varepsilon \quad (12.1)$$

さらに中心複合計画には，実験点の取り方に直交計画，面平面上計画，回転可能計画などがある．

中心複合計画では，2次多項式モデルを作成するため，高次の交互作用（例えば $A \times B \times C$ など）は考慮しない．これは，最適条件を探索するだけならば，高次の情報は必要ないことがほとんどであるためである．

12.3 活用事例

本節では，二つの活用事例を紹介する．

【事例12.1】

中心複合計画の活用例として，アルミニウムの鋳造条件における2特性の同時最適化を取り上げる．これは，多特性の同時最適化の例である．

アルミニウム製シリンダーヘッド製造工程（図12.1に模式図を示す）において，鋳巣が機械加工した面に現れ，欠陥（空洞）の不良品が発生して問題となった．加工面欠陥の原因を調査したところ，鋳造時のエアーの巻き込みであることが分かった．

また，鋳造工程で下記の2つの代用特性を制御することにより，欠陥の原因であるエアー巻き込み量を抑え，製造時間も短くできることが分かった．

〈代用特性〉

① アルミニウムの加速度（エアー巻き込み量を抑えるため望小，目標：

450 以下）

② アルミニウムの速度（製造時間を短くしたいので望大，目標：90 以上）

なお，エアーの巻き込みに影響を与える因子として，図 12.2 に示すストーク形状の 5 因子を洗い出した．そこで，2 つの代用特性の両方をできるだけ満足する条件を見つけたい．

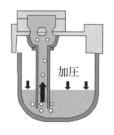

図 12.1 アルミニウム鋳造模式図

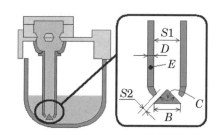

図 12.2 ストーク形状の 5 因子

今回，応答曲面法の計画として，代用特性が 2 次多項式モデルで表現できるという技術的な知見のもと，中心複合計画を立て，実験を実施した．表 12.3 に水準の範囲を，表 12.4 に中心複合計画並びに実験結果を示す．

表 12.4 の実験結果に対して応答曲面解析した結果を図 12.3 に示す．この場合，開口率 36.24，障害サイズ 90，山角度 60，板厚み 8.66，ストーク温度 441.86 の水準において，加速度 414.00，速度 94.43 とそれぞれの目標を満足

表 12.3 実験条件と水準の範囲

No.	条　件	最小	最大
1	開口率 ($S2/S1$)	20	60
2	障害サイズ (B)	90	130
3	山角度 (C)	60	120
4	板厚み (D)	5	15
5	ストーク温度 (E)	400	550

する条件を見つけることができた．ただし，これらの数値はあくまで推定値であるため，確認実験を行って再現性を確認しなければならない．この事例では，確認実験を行い，再現性を確認している．なお，図 12.4 のように，加速度が 450 以下，速度が 90 以上を予測平均値が満足している範囲も確認できるため，条件を決定する際の参考にするのもよい．

表 12.4　中心複合計画と実験結果

No.	開口率	障害サイズ	山角度	板厚み	ストーク温度	加速度	速度
1	20	90	60	5	400	251.6	55.2
2	20	90	60	15	550	311.7	61.5
3	20	90	120	5	550	298.6	58.5
4	20	90	120	15	400	363.1	72.0
5	20	130	60	5	550	256.3	53.3
6	20	130	60	15	400	305.7	61.6
7	20	130	120	5	400	288.6	56.2
8	20	130	120	15	550	367.3	71.8
9	60	90	60	5	550	470.5	109.2
10	60	90	60	15	400	508.2	129.9
11	60	90	120	5	400	492.8	128.5
12	60	90	120	15	550	566.4	142.9
13	60	130	60	5	400	450.8	101.1
14	60	130	60	15	550	492.7	124.0
15	60	130	120	5	550	470.2	121.5
16	60	130	120	15	400	539.9	137.1
17	20	110	90	10	475	319.9	62.8
18	60	110	90	10	475	510.0	127.5
19	40	90	90	10	475	484.9	107.6
20	40	130	90	10	475	467.1	103.9
21	40	110	60	10	475	436.1	99.9
22	40	110	120	10	475	481.6	113.1
23	40	110	90	5	475	436.1	97.8
24	40	110	90	15	475	500.8	113.2
25	40	110	90	10	400	469.8	101.6
26	40	110	90	10	550	467.6	104.1
27	40	110	90	10	475	466.8	106.2
28	40	110	90	10	475	480.5	106.6
29	40	110	90	10	475	475.1	107.7

156　　　　　第 12 章　直交表実験が困難な場合

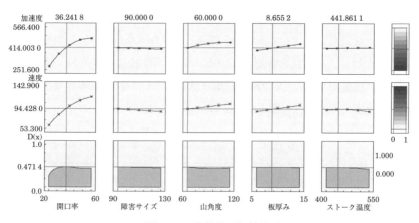

図 12.3　応答曲面解析結果

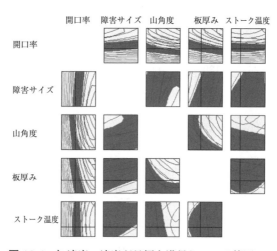

図 12.4　加速度，速度が目標を満足している範囲

　ここでは，中心複合計画を使った事例を紹介した．中心複合計画は実験点配置のバランスが良い計画であるため，実験対象の系が 2 次多項式モデルで近似できる確証があれば，推奨できる．しかし，以下のような条件では中心複合計画を使うことができないため注意が必要である．

　・実験に取り上げた因子に材料 $A1, A2$ などの質的な因子が含まれている．

12.3 活用事例

- ・実験に取り上げる因子数が多いと実験回数が膨大となる（6因子−45回，7因子−79回，8因子−81回）．
- ・高次項（1次×2次，2次×2次）を考慮する必要がある．
- ・実験領域に制約がある（高温，高圧は設定できない，因子A＜因子Bの制約がある，$A+B+C=$一定など）．

D−最適計画では，このような条件下でも課題である事象を説明するモデル式を精度よく推定できるように構成されているため，融通がきく計画である．ただし，計画作成時にモデル（1次，2次）を指定するが，技術的知見から正しいことが担保されていることが前提となる．

【事例 12.2】

D−最適計画の活用例として，穴あけ工程における高品質・高能率の確保の事例を取り上げる．

穴あけ加工の品質に影響を与える現象として，"トルク"，"スラスト"の増大による刃具のうねりで引き起こされる穴形不良や破損がある．また，穴あけ加工の能率は，刃具の"送り速度"をいかに速くするかによって決まる．

表 12.5　3つの特性値と各々の目標

特性値	目　標
トルク	望小（18 N·m 以下）
スラスト	望小（2 000 N 以下）
送り速度	望大（4 500 mm/min 以上）

表 12.6　取り上げる因子と設定範囲

因　子	設定範囲	因子の種類
シンニング	A, B, C	質的因子
逃げ角	10〜20（°）	量的因子
回転数	4 000〜8 000（rpm）	量的因子
送　り	0.47〜0.79（mm/回転）	量的因子

現状の設備の実績から，"トルク""スラスト""送り速度"の目標は表12.5の通りである．

"トルク""スラスト""送り速度"に影響する制御可能な因子として表12.6の4因子を抽出した．ここで，穴あけ加工の能率である"送り速度"は回転数×送りで定義される．

今回，因子と特性の関係を明らかにして所望の"送り速度"を確保しつつ，"トルク"や"スラスト"を最小化できる条件を見つけ出すことになった．技術的に2次モデルを想定し，実験回数は24回とした．質的因子が含まれることから，D-最適計画により，計画を出力して，実験した結果を表12.7に示す．

この実験結果に対して応答曲面解析した結果を図12.5に示す．

表12.7 実験結果

No.	シンニング	逃げ角	回転数	送り	トルク	スラスト	送り速度
1	C	20	4 000	0.79	17.73	4 321.977	3 160
2	C	10	8 000	0.79	17.24	4 100.163	6 320
3	B	20	4 000	0.63	13.45	5 577.617	2 520
4	C	20	8 000	0.63	16.45	3 950.910	5 040
5	A	10	4 000	0.79	22.48	4 404.738	3 160
6	A	10	4 000	0.47	14.91	2 476.155	1 880
7	A	20	8 000	0.47	12.65	2 011.081	3 760
8	A	20	8 000	0.79	18.25	933.818	6 320
9	A	20	4 000	0.47	12.71	3 087.950	1 880
10	A	10	8 000	0.47	12.83	1 703.431	3 760
11	C	10	4 000	0.63	15.96	4 757.093	2 520
12	B	15	8 000	0.47	12.02	3 249.614	3 760
13	B	20	8 000	0.79	18.82	3 032.842	6 320
14	A	10	8 000	0.79	18.98	2 930.874	6 320
15	C	10	8 000	0.47	12.85	3 024.768	3 760
16	B	15	4 000	0.79	20.89	6 709.614	3 160
17	B	10	8 000	0.63	19.22	6 082.350	5 040
18	B	10	6 000	0.79	22.41	7 757.956	4 740
19	A	15	6 000	0.63	16.45	2 800.873	3 780
20	C	20	4 000	0.47	13.89	5 334.034	1 880
21	B	10	4 000	0.47	17.07	6 207.442	1 880
22	C	20	6 000	0.79	15.51	3 696.814	4 740
23	B	20	6 000	0.47	11.11	2 670.512	2 820
24	A	20	4 000	0.79	19.09	4 894.969	3 160

12.3 活用事例

これより,水準がシンニングA,逃げ角 18.538°,回転数 8 000 rpm,送り 0.729 8 mm/回転において,トルク 17.378 Nm,スラスト 1 831.85 N,送り速度 5 838 mm/min と全て表 12.5 の目標を達成することができた.

この事例のように,開発現場などで幅広く応答曲面法の活用が見込まれる.しかし,応答曲面法を学びたくても,社内研修として扱っている企業は少ない.そこで,トヨタ自動車における応答曲面法セミナーの導入から発展に至る過程を第 22 章で紹介する.

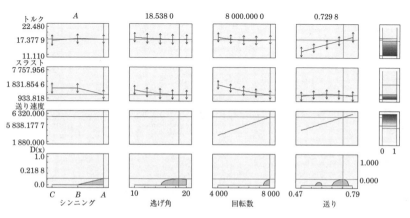

図 12.5 応答曲面解析結果

参 考 文 献

[1] 山田秀（2004）:『実験計画法—方法編—』,日科技連出版社.
[2] 山田秀・立林和夫・吉野睦（2012）:『パラメータ設計・応答曲面法・ロバスト最適化入門』,日科技連出版社.

第13章　メカニズムを把握するためのデータ

　故障メカニズムを把握するために，試験・評価を行い，そこから得られたデータを解析して予測や要因解析を実施することは，開発・設計段階でも生産準備・製造段階でも珍しくない．その際に，解析に用いるデータが，計量値で得られているのか，故障のあり／なしといった形で得られているのかは，重要な点である．一般に，故障のあり／なしといった形のデータのほうが得られやすい．反面，このタイプのデータから精度よく解析するためには，膨大な n 数を必要とする．本章では，故障あり／なしといった形のデータを，計量値として観測できる代用特性値に変換して，対象物のメカニズムを把握するための予測や要因解析を行う考え方・進め方について紹介する．

13.1　考　え　方

　故障データの代表的な解析としては，ワイブル解析がある．ワイブル解析により故障の型を特定することができる．一方，メカニズムを把握するためには，未故障データも含めた解析の結果得られる故障の代用特性（計量値データ）を用いて解析することが望ましい．故障のあり／なしを，客観性のある代用特性値に変換する目的としては，下記の2点があげられる．
　① 故障のあり／なしは，どんな特性値の変化により起こるのかを知ること．
　② 要因解析の際，単なる故障のあり／なしのデータに比べ，特性値データ（計量値）で表せば，解析の精度が非常に高くなること．

13.2 進め方・プロセス

故障あり／なしといった形のデータが得られている場合に，メカニズムを把握するための進め方としては，下記のようなステップが考えられる．

① 故障の有無に影響があると思われる要因（計量値）の洗い出し
② 故障の有無と要因の対になったデータの採取
③ 解析
④ 代用特性の特定
⑤ 代用特性を目的変数とした実験の計画と解析による要因解析
⑥ 要因解析結果に基づくメカニズムの考察・究明

13.3 手法・方法

13.2節で述べたステップの中で，手法の活用が有用なステップは，③解析と⑤代用特性を目的変数とした実験の計画と解析による要因解析の2つである．まず，③解析では，判別分析を活用する．解析では，①で洗い出した要因を説明変数，故障のあり／なしを目的変数とする．これらのデータは，社内での実験評価や市場回収品から得られる．判別分析のためのデータは，表13.1のようになる．この表では，故障の有無に影響があると思われる要因を要因1～3の3つ取り上げて判別分析することを示している．判別分析の結果，1つの要因で高い正判別率を得ることができれば，この要因を代用特性として⑤に

表 13.1 判別分析のためのデータ

結果	要因1	要因2	要因3
故障あり	113	117	84
故障あり	121	159	85
⋮	⋮	⋮	⋮
故障なし	170	164	80
故障なし	158	148	83
⋮	⋮	⋮	⋮

進めばよい．複数の要因が寄与している場合は，判別得点を代用特性とすればよい．

　本節で述べているように解析の目的がメカニズムの把握（要因解析）の場合は，判別分析に用いる説明変数と目的変数の間に因果が成立していることが必要となる．これは固有技術的観点から押さえておかなければならない．一方，代用特性 x により y を予測することが目的の場合は，判別分析に用いる説明変数と目的変数の間に因果が成立していなくてもよい．

　⑤代用特性を目的変数とした実験の計画と解析による要因解析では，実験の手間はかかるが，説明変数（要因）の水準が直交していて，各要因の寄与度合いなどを見ることが可能な実験計画法の活用を基本に考えるとよい．次善の策として，多少直交性は損なわれるが，中心複合計画などの応答曲面法の活用も有用である．

　既存のデータがある場合は，重回帰分析などの多変量解析法を用いた予測を行い，そこから得られた知見を実験計画に反映するとよい．ただし，重回帰分析における偏回帰係数の符号や大小に基づく要因解析は，困難である点に注意が必要である（解説は第 15 章参照）．

13.4　事　例[1]

　パワーステアリング（PS）は，自動車のハンドル操舵力を軽減するためのものである．ハンドル操舵力の一層の軽減ニーズに対応するために，PS の高出力化が進み，ポンプの負荷の増加で発熱量も増加する．また，エンジンルーム内も PS オイルが冷却しにくい環境になっており，PS オイルが高温になるため，新たな高信頼性ホースの開発が必要となった．図 13.1 に PS システムの概略を示す．今回の開発対象は図中の高圧ホースである．

　初期開発品を実車試験した結果，高圧ホースの中に亀裂が散見されたので，亀裂発生のメカニズムを検討することとした．このような場合，試験条件（油温，耐久時間など）を説明変数，亀裂のあり／なしを目的変数とした判別分析

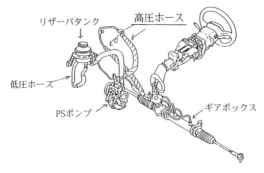

図 13.1 PS システムの概略[1]

の活用が考えられる.しかし,亀裂が発生したホースの亀裂長さはさまざまであり,これらを亀裂ありとして同一に扱ってしまうと,当然のことながら亀裂長さの大小が解析に反映されない.この問題を低減しようとすると,膨大な n 数が必要となるが,それは開発・設計段階ではほとんどの場合容易ではない.

そこで,本事例では,亀裂有無の代用特性を検討するために,まず固有技術的観点から亀裂発生の要因としてゴムの代表物性である伸び,硬度,引張強度の3つを洗い出した.そして,試験後のホースについて伸び,硬度,引張強度を測定し,2群の判別分析を実施した.解析では,亀裂の有無を目的変数,伸び,硬度,引張強度を説明変数としている.判別関数の係数の検定結果を表 13.2 に示す.表中の F 値より伸びと引張強度が高度に有意となり,特に伸びの影響が支配的であることが分かった.また,判別結果とそのヒストグラムを表 13.3,図 13.2 に示すが,高い正判別率の判別予測式を得ることができた.

図 13.2 において,G1 は亀裂なし,G2 は亀裂ありを表し,表 13.3 は,事

表 13.2 判別関数の係数の検定[1]

要因	F_0
伸び	65.71**
硬度	3.57
引張強度	11.96**

13.4 事例

実を縦,判別結果を横に記載してある.例えば,亀裂がない (G1) ものを亀裂なし (G1) と正しく判定できたものが 29, 亀裂がない (G1) ものを亀裂あり (G2) と誤判定したものが 1 である.

以上より,今後は亀裂の有無ではなく,伸びを目的変数とした要因解析が可能となった.

表 13.3 判別結果[1]

判別結果 事　実	G1 (亀裂なし)	G2 (亀裂あり)	正判別率
G1(亀裂なし)	29	1	0.967
G2(亀裂あり)	3	46	0.939

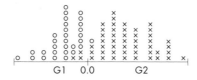

図 13.2 判別結果のヒストグラム[1]

参考文献

[1] 日本規格協会名古屋 QST 研究会編 (2000):『サイエンス SQC』,日本規格協会,pp.163-175.

第 14 章　重回帰分析活用の現状と問題点

この章では，重回帰分析を活用する際に，設計者が直面するさまざまな困りごとに対して，その問題点を明らかにし，その問題点への対処方法や注意点について触れる．

14.1　重回帰分析の偏回帰係数の符号が逆転しイメージと合わない

本節では，永田[1]で議論されているデータ例を紹介する．

特性値 Y を目的変数とし，$X1$, $X2$, $X3$ の3つを説明変数として，各説明変数の特性値 Y に対する影響を調べるため変動の解析を実施した．データを表 14.1 に示す．

これまでの知見により特性値 Y への影響は，説明変数 $X3$ が大きいと考えて

表 14.1　データ（永田[1]）（実験は削除）

Y	$X1$	$X2$	$X3$
42.3	6.9	3.9	8.2
34.6	6.9	3.1	6.4
41.8	8.8	3.0	7.3
42.5	7.3	3.8	8.4
41.0	5.5	4.3	8.5
30.8	3.2	4.2	6.1
43.6	7.4	3.8	8.9
42.6	9.2	3.0	8.5
37.2	7.5	3.1	6.6
28.3	1.5	4.6	5.7

第14章 重回帰分析活用の現状と問題点

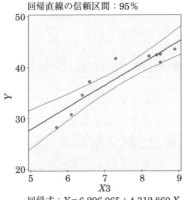

図14.1 $X3$ と Y の関係性

いた．実際，Y と $X3$ には正の強い相関 $r=0.927$ がある．$X3$ と Y の散布図を図14.1に示す（以下，分析には JUSE-StatWorks を用いている）．

しかし，重回帰分析の結果，説明変数 $X3$ の Y への影響はほとんどないばかりか，偏回帰係数の符号も逆転していた．なぜ符号が逆転し，固有技術のイメージと合わないのか．これを理解するために，重回帰分析の手順を追いながら結果の確認をしていく．ここで，変数選択については，技術的な意味を考えたいので変数増減法で進めることにした．変数増減法は，要因の効果があると判断するのに有効な分散比を用いて，分散比の大きな説明変数から順番に一つひとつ回帰式に取り込んでいく方法である．このとき回帰式への変数の取り入れのための基準値（Fin）及び取り除く場合の基準値（Fout）を指定する必要がある．ここでは，一般的によく使われる Fin=2.0, Fout=2.0 を用いる．

回帰分析において，切片のみの状況を図14.2に示す．図14.2を見ると，$X3$ の分散比が一番大きなことが分かる．そこで，図14.3のように手順2として，$X3$ を取り込む．

次に，分散比の大きな $X1$ を取り込む．

更に，図14.4のように手順3として $X2$ を取り込むことにした．すると，一番大きかったはずの $X3$ の分散比 48.917 3 が 0.247 6 となり，一番小さく

14.1 重回帰分析の偏回帰係数の符号

	目的変数名	重相関係数	寄与率R^2	R*^2	R**^2		
	Y	0.000	0.000	0.000	0.000		
		残差自由度	残差標準偏差				
		9	5.484				
vNo	説明変数名	分散比	P値(上側)	偏回帰係数	標準偏回帰	トレランス	
0	定数項	492.1816	0.000	38.470			
2	X1	18.1497	0.003	+			
3	X2	1.5864	0.243	-			
4	X3	48.9173	0.000	+			

図 14.2　手　順　1

	目的変数名	重相関係数	寄与率R^2	R*^2	R**^2		
	Y	0.927	0.859	0.842	0.828		
		残差自由度	残差標準偏差				
		8	2.181				
vNo	説明変数名	分散比	P値(上側)	偏回帰係数	標準偏回帰	トレランス	
0	定数項	1.8321	0.213	6.296			
2	X1	25.5668	0.001	+			
3	X2	13.2196	0.008	-			
4	X3	48.9173	0.000	4.313	0.927	1.000	

図 14.3　手　順　2

	目的変数名	重相関係数	寄与率R^2	R*^2	R**^2	
	Y	0.999	0.997	0.996	0.995	
		残差自由度	残差標準偏差			
		6	0.360			
vNo	説明変数名	分散比	P値(上側)	偏回帰係数	標準偏回帰	トレランス
0	定数項	28.2610	0.002	-23.067		
2	X1	95.5376	0.000	4.066	1.785	0.014
3	X2	57.0413	0.000	10.092	1.093	0.023
4	X3	0.2476	0.636	-0.229	-0.049	0.049

図 14.4　手　順　3

	目的変数名	重相関係数	寄与率R^2	R*^2	R**^2	
	Y	0.999	0.997	0.996	0.995	
		残差自由度	残差標準偏差			
		7	0.340			
vNo	説明変数名	分散比	P値(上側)	偏回帰係数	標準偏回帰	トレランス
0	定数項	136.2122	0.000	-21.130		
3	X1	1944.0895	0.000	3.864	1.697	0.289
4	X2	708.2593	0.000	9.454	1.024	0.289
5	X3	0.2476	0.636	-		

図 14.5　手　順　4

なってしまった．さらに，$X3$の偏回帰係数の推定値は，4.313であったが，−0.229となった．$X3$，$X2$，$X1$の順で選択した結果，その絶対値は小さくなった上に，符号が逆転する事態が発生した．

そして，変数を取り除く場合の基準値であるFoutが2なので，図14.5のように，最初に回帰式へ取り込んだ$X3$が除かれた．

このように，重回帰分析では，説明変数を選択する過程で，偏回帰係数の推定値や符号が変わっていくことがある．今回の$X3$とYの関係のように，単回帰分析では係数の符号がプラスであったが，重回帰分析ではマイナスとなり，最終的に$X3$は，回帰式の説明変数に取り込まれなかった．このように，どの説明変数を選択するかによって回帰式の偏回帰係数が変わってくるのは，背後にある説明変数間の相関の強さが関係している．特に，強い相関がある場合には注意が必要である．こういった場合には，背後の相関を把握した上で，技術的に判断して，相関の強い説明変数の一部を回帰式から取り除くなどの処置をとるのがよい．

14.2 説明変数が多くサンプル数が少ない場合の重回帰分析の分析結果において再現性が乏しい例（その1）

説明変数の数をp，サンプル数をnとし，$p=15$，$n=16$の場合について見ていく．データを表14.2に示す．

まず基本統計量を確認した上で，相関係数行列（表14.3）を確認する．

多重共線性を避けるため，説明変数間で0.9以上のものは解析の対象から外す．

表14.3から$X7$と$X8$の相関係数0.988のみが0.9以上である．そこで，技術的な考察を加えた結果，$X8$を残し$X7$を外すことにした．

よって，$p=14$，$n=16$で説明変数間の相関係数0.8以上が存在する場合の重回帰分析の例となる．今回は，自動で説明変数を探索する逐次変数選択を行った．この場合も，Fin及びFoutを指定する必要がある．ここでも，Fin

14.2 再現性が乏しい例（その1）

表 14.2 データ

No.	Y	X1	X2	X3	X4	X5	X6	X7	X8	X9	X10	X11	X12	X13	X14	X15
1	0.51	41.44	824.00	151.60	152.60	47.50	3.55	5.45	5.80	49.50	14.74	14.77	30.41	7.67	296.00	467.51
2	0.33	41.40	825.00	147.30	152.40	47.80	3.62	5.57	5.91	49.70	14.80	15.28	33.73	7.57	293.00	467.47
3	2.91	41.45	824.00	148.60	150.50	47.90	3.64	5.72	6.05	49.90	14.90	15.22	37.24	7.54	292.00	467.51
4	0.76	41.49	826.00	152.60	152.80	47.90	2.94	5.65	5.99	49.80	14.20	14.28	33.42	7.62	290.00	467.56
5	1.72	41.48	824.00	151.70	152.90	48.10	3.28	5.55	5.87	49.70	14.80	14.73	38.11	7.63	289.00	467.57
6	0.10	41.31	826.00	155.30	151.60	47.30	4.11	5.79	6.09	49.30	14.70	15.26	29.60	7.81	297.00	467.40
7	0.85	41.48	826.00	155.30	152.60	47.70	3.85	5.73	6.04	49.40	14.40	15.15	32.55	7.71	299.00	467.58
8	0.05	41.43	829.00	152.60	152.30	47.90	3.58	5.74	6.03	49.60	14.20	14.89	42.03	7.68	301.00	467.53
9	0.13	41.30	826.00	153.90	152.80	47.80	4.26	5.75	6.06	49.40	14.60	15.65	33.67	7.55	300.00	467.40
10	0.33	41.45	825.00	151.10	151.20	48.20	3.30	5.67	5.97	49.40	14.30	14.75	39.83	7.64	298.00	467.57
11	1.13	41.40	824.00	147.00	151.30	47.90	3.97	5.79	6.07	49.30	14.60	15.25	37.88	7.57	302.00	467.50
12	0.37	41.38	825.00	153.40	153.10	47.40	3.82	5.74	6.07	49.50	14.50	14.90	31.56	7.64	298.00	467.42
13	0.26	41.40	826.00	153.10	153.20	47.60	3.89	5.59	5.90	49.40	14.60	15.57	30.97	7.53	295.00	467.46
14	0.17	41.39	825.00	153.00	153.10	47.60	4.17	5.70	6.02	49.60	14.80	15.53	30.18	7.54	293.00	467.37
15	0.16	41.40	824.00	153.40	153.30	47.80	3.10	5.53	5.86	49.50	14.30	14.79	30.34	7.59	292.00	467.41
16	0.24	41.37	825.00	153.30	153.20	47.90	3.40	5.58	5.91	49.60	14.30	14.97	30.47	7.58	296.00	467.44

=2.0，Fout=2.0 とした．

寄与率（$R\hat{}2$）は 0.839 と高く，自由度調整度寄与率（$R*\hat{}2$）は 0.759 と，まずまずの結果となった．そして，以下の回帰式が得られた．

$$Y = -0.356X2 + 3.303X8 + 2.265X9 + 0.693X11 + 6.693X15 - 2\,976.579$$

次に，重回帰分析では説明変数の数を増やすと見かけの予測精度が向上する傾向があるため，取り込み過ぎには注意が必要であるという例を示す．上記の例では，説明変数間の相関係数が 0.9 以上のため $X7$ を解析から外したが，今回は $X8$ を外した場合を見る．

扱っているデータは，$X7$ 及び $X8$ 以外の説明変数のデータは同じである．解析の結果，図 14.7 のように，14 個の説明変数が全て取り込まれた．図 14.6 の 5 個に比べてはるかに多い．注目すべきは，寄与率（$R\hat{}2$）0.997 と自由度調整済寄与率（$R*\hat{}2$）0.951 の高さである．回帰式は求まってはいるものの，各説明変数の多重共線性の尺度であるトレランスが 0.1 以下の場合，分析結果が再現性に乏しいことを示すため，採用するべきではない．安易に，寄与率や自由度調整済寄与率の数値が 1.0 近くになることを追いかけることは避けるべきである．

第 14 章　重回帰分析活用の現状と問題点

表 14.3　相関係数行列

サンプル数：16　＋：|0.6| 以上　++：|0.9| 以上

変数名	Y	X1	X2	X3	X4	X5	X6	X7
Y	1	0.499	-0.454	-0.477	-0.541	0.347	-0.163	0.055
X1	0.499	1	-0.105	-0.239	-0.109	0.49	-0.643+	-0.314
X2	-0.454	-0.105	1	0.414	0.115	-0.08	0.162	0.399
X3	-0.477	-0.239	0.414	1	0.527	-0.425	0.127	0.089
X4	-0.541	-0.109	0.115	0.527	1	-0.251	-0.103	-0.452
X5	0.347	0.49	-0.08	-0.425	-0.251	1	-0.545	-0.125
X6	-0.163	-0.643+	0.162	0.127	-0.103	-0.545	1	0.576
X7	0.055	-0.314	0.399	0.089	-0.452	-0.125	0.576	1
X8	0.087	-0.311	0.366	0.096	-0.431	-0.178	0.563	0.988++
X9	0.541	0.486	-0.103	-0.326	-0.027	0.346	-0.501	-0.285
X10	0.445	-0.17	-0.487	-0.374	-0.247	-0.28	0.482	-0.058
X11	-0.102	-0.622+	0.065	-0.016	-0.055	-0.335	0.876+	0.356
X12	0.374	0.415	0.248	-0.475	-0.543	0.730+	-0.215	0.273
X13	-0.212	0.013	0.325	0.463	-0.149	-0.348	-0.009	0.2
X14	-0.359	-0.386	0.413	0.08	-0.23	-0.152	0.536	0.563
X15	0.452	0.856+	0.07	-0.249	-0.327	0.589	-0.524	-0.12

変数名	X8	X9	X10	X11	X12	X13	X14	X15
Y	0.087	0.541	0.445	-0.102	0.374	-0.212	-0.359	0.452
X1	-0.311	0.486	-0.17	-0.622+	0.415	0.013	-0.386	0.856+
X2	0.366	-0.103	-0.487	0.065	0.248	0.325	0.413	0.07
X3	0.096	-0.326	-0.374	-0.016	-0.475	0.463	0.08	-0.249
X4	-0.431	-0.027	-0.247	-0.055	-0.543	-0.149	-0.23	-0.327
X5	-0.178	0.346	-0.28	-0.335	0.730+	-0.348	-0.152	0.589
X6	0.563	-0.501	0.482	0.876+	-0.215	-0.009	0.536	-0.524
X7	0.988++	-0.285	-0.058	0.356	0.273	0.2	0.563	-0.12
X8	1	-0.196	-0.026	0.332	0.203	0.186	0.496	-0.153
X9	-0.196	1	0.149	-0.352	0.198	-0.342	-0.704+	0.243
X10	-0.026	0.149	1	0.524	-0.152	-0.203	-0.273	-0.243
X11	0.332	-0.352	0.524	1	-0.217	-0.333	0.327	-0.56
X12	0.203	0.198	-0.152	-0.217	1	-0.034	0.222	0.629+
X13	0.186	-0.342	-0.203	-0.333	-0.034	1	0.249	0.215
X14	0.496	-0.704+	-0.273	0.327	0.222	0.249	1	-0.057
X15	-0.153	0.243	-0.243	-0.56	0.629+	0.215	-0.057	1

14.2　再現性が乏しい例（その1）

	目的変数名	重相関係数	寄与率R^2	R*^2	R**^2	
	Y	0.916	0.839	0.759	0.688	
		残差自由度	残差標準偏差			
		10	0.371			
vNo	説明変数名	分散比	P値（上側）	偏回帰係数	標準偏回帰	トレランス
0	定数項	14.5525	0.003	-2976.579		
3	X1	0.0961	0.764	-		
4	X2	19.5292	0.001	-0.356	-0.610	0.846
5	X3	0.4446	0.522	+		
6	X4	0.5057	0.495	-		
7	X5	0.4026	0.542	-		
8	X6	0.0101	0.922	+		
10	X8	7.4534	0.021	3.303	0.395	0.768
11	X9	14.6961	0.003	2.265	0.524	0.862
12	X10	0.4794	0.506	+		
13	X11	4.1592	0.069	0.693	0.337	0.590
14	X12	0.0766	0.788	+		
15	X13	0.5824	0.465	+		
16	X14	0.0172	0.899	-		
17	X15	15.8991	0.003	6.693	0.617	0.671

図 14.6　解析結果（X7 を外した場合）

	目的変数名	重相関係数	寄与率R^2	R*^2	R**^2	
	Y	0.998	0.997	0.951	0.911	
		残差自由度	残差標準偏差			
		1	0.167			
vNo	説明変数名	分散比	P値（上側）	偏回帰係数	標準偏回帰	トレランス
0	定数項	9.8645	0.196	15991.786		
3	X1	14.2055	0.165	71.386	5.241	0.002
4	X2	12.9507	0.173	4.459	7.623	0.001
5	X3	22.1079	0.133	0.956	3.163	0.007
6	X4	12.8317	0.173	1.098	1.223	0.028
7	X5	12.4280	0.176	17.368	5.553	0.001
8	X6	17.6429	0.149	-43.854	-22.378	0.000
9	X7	18.2728	0.146	62.929	8.540	0.001
11	X9	11.8184	0.180	-16.993	-3.930	0.002
12	X10	16.5464	0.153	65.492	20.444	0.000
13	X11	2.8224	0.342	-1.625	-0.790	0.015
14	X12	14.1877	0.165	-1.699	-8.831	0.001
15	X13	17.7393	0.148	-38.329	-3.806	0.004
16	X14	16.6455	0.153	2.370	12.276	0.000
17	X15	11.1839	0.185	-52.200	-4.815	0.002

図 14.7　解析結果（X8 を外した場合）

14.3 説明変数が多くサンプル数が少ない場合の重回帰分析の分析結果において再現性が乏しい例（その2）

$p=18$, $n=21$ の場合について見ていく．データを表 14.4 に示す．ここで，説明変数間の相関係数は 0.8 以上はない場合を考える．相関係数行列を表 14.5 に示す．

重回帰分析の解析結果を図 14.8 に示す．寄与率 ($R\hat{}2$) は 1.000，自由度調整済寄与率 ($R*\hat{}2$) は 1 という結果となった．また，残差分析の結果も問題がないと考え，採用できると判断した．実はこれは，重回帰分析では説明変数の種類を増やすと予測精度が向上する傾向にあるが，取り込み過ぎには注意が必要であるという例である．この場合，n 数が少ない上に説明変数の種類を増やすことにより見せかけの予測精度が向上する．この現象を過剰適合（オーバーフィッティング）という．これを回避するには，説明変数の数 p を絞り込むことと，サンプル数 n を増やすことである．解析は $n-1>p$ であればできるが，一般的に，説明変数は 10 個以下にすることや，サンプル数は $n=p+20$ 程度が望まれるといわれている．

第 15 章では，因果関係を踏まえたアプローチ法などについて触れる．

なお，関連する注意事項については，宮川[2]や棟近・奥原[3]も参照されたい．

14.3 再現性が乏しい例（その2）

表 14.4 データ

No.	Y	X2	X5	X9	X10	X11	X12	X13	X14	X17
1	0.51	824.00	47.50	49.50	14.74	14.77	30.41	7.67	296.00	0.09
2	0.33	825.00	47.80	49.70	14.80	15.28	33.73	7.57	293.00	0.11
3	2.91	824.00	47.90	49.90	14.90	15.22	37.24	7.54	292.00	0.11
4	0.76	826.00	47.90	49.80	14.20	14.28	33.42	7.62	290.00	0.09
5	1.72	824.00	48.10	49.70	14.80	14.73	38.11	7.63	289.00	0.12
6	0.10	826.00	47.30	49.30	14.70	15.26	29.60	7.81	297.00	0.05
7	0.85	826.00	47.70	49.40	14.40	15.15	32.55	7.71	299.00	0.09
8	0.05	829.00	47.90	49.60	14.20	14.89	42.03	7.68	301.00	0.05
9	0.13	826.00	47.80	49.40	14.60	15.65	33.67	7.55	300.00	0.02
10	0.33	825.00	48.20	49.40	14.30	14.75	39.83	7.64	298.00	0.10
11	1.13	824.00	47.90	49.30	14.60	15.25	37.88	7.57	302.00	0.11
12	0.37	825.00	47.40	49.50	14.50	14.90	31.56	7.64	298.00	0.05
13	0.26	826.00	47.60	49.40	14.60	15.57	30.97	7.53	295.00	0.05
14	0.17	825.00	47.60	49.60	14.80	15.53	30.18	7.54	293.00	0.05
15	0.16	824.00	47.80	49.50	14.30	14.79	30.34	7.59	292.00	0.06
16	0.24	825.00	47.90	49.60	14.30	14.97	30.47	7.58	296.00	0.06
17	0.53	825.00	47.80	49.30	14.40	15.16	30.88	7.57	294.00	0.05
18	0.27	826.00	47.90	49.50	14.40	15.42	30.18	7.59	291.00	0.05
19	0.20	824.00	47.90	49.60	14.70	15.55	29.92	7.58	297.00	0.06
20	0.17	827.00	47.90	49.40	13.80	15.16	30.94	7.62	291.00	0.04
21	0.25	825.00	47.90	49.40	14.80	15.80	30.61	7.58	291.00	0.07

No.	X20	X21	X22	X23	X24	X25	X26	X27	X28
1	14.97	15.01	14.96	15.02	15.03	14.98	15.01	15.02	0.22
2	14.98	15.02	14.97	15.04	15.04	14.98	15.00	14.98	0.23
3	14.96	15.02	14.96	15.05	15.04	15.03	15.03	15.04	0.21
4	14.97	15.00	14.95	15.03	15.04	14.99	15.00	14.99	0.22
5	14.99	15.03	15.00	15.05	15.05	15.01	15.02	14.98	0.22
6	14.96	15.01	14.97	15.02	15.03	15.00	15.01	15.00	0.23
7	14.98	15.03	14.96	15.04	15.03	14.97	15.00	15.03	0.21
8	14.97	15.02	14.96	15.03	15.03	14.98	14.99	14.98	0.22
9	14.98	15.03	14.96	15.01	15.04	14.97	14.97	15.03	0.23
10	14.98	15.02	14.95	15.03	15.03	14.99	15.00	14.99	0.22
11	14.97	15.02	14.95	15.02	15.03	14.99	15.03	15.04	0.22
12	14.98	15.03	14.96	15.01	15.04	14.98	15.00	15.02	0.23
13	14.97	15.02	14.96	15.03	15.04	14.98	14.99	15.03	0.24
14	14.99	15.03	14.96	15.01	15.04	14.98	14.98	15.02	0.23
15	14.97	15.03	14.96	15.03	15.03	14.98	15.01	15.03	0.23
16	14.99	15.02	14.96	15.02	15.04	15.00	15.01	15.03	0.23
17	14.99	15.02	14.96	15.03	15.03	15.01	15.03	15.03	0.22
18	14.98	15.03	14.96	15.02	15.04	14.98	14.99	15.03	0.23
19	14.98	15.01	14.96	15.01	15.04	14.99	14.98	15.02	0.23
20	14.96	15.01	14.97	15.03	15.03	15.00	14.99	14.99	0.24
21	14.99	15.03	14.96	15.03	15.04	15.00	15.01	15.03	0.23

第14章 重回帰分析活用の現状と問題点

表 14.5 相関係数行列

サンプル数：21　+：|0.6| 以上　++：|0.8| 以上

変数名	Y	X2	X5	X9	X10	X11	X12	X13	X14	X17
Y	1.000	−0.421	0.268	0.518	0.374	−0.188	0.422	−0.166	−0.232	0.671+
X2	−0.421	1.000	−0.051	−0.144	−0.569	0.002	0.198	0.323	0.213	−0.494
X5	0.268	−0.051	1.000	0.269	−0.246	−0.166	0.557	−0.365	−0.213	0.379
X9	0.518	−0.144	0.269	1.000	0.216	−0.338	0.253	−0.254	−0.445	0.417
X10	0.374	−0.569	−0.246	0.216	1.000	0.417	−0.044	−0.177	−0.036	0.347
X11	−0.188	0.002	−0.166	−0.338	0.417	1.000	−0.342	−0.370	0.110	−0.396
X12	0.422	0.198	0.557	0.253	−0.044	−0.342	1.000	0.047	0.304	0.490
X13	−0.166	0.323	−0.365	−0.254	−0.177	−0.370	0.047	1.000	0.258	0.027
X14	−0.232	0.213	−0.213	−0.445	−0.036	0.110	0.304	0.258	1.000	−0.158
X17	0.671+	−0.494	0.379	0.417	0.347	−0.396	0.490	0.027	−0.158	1.000
X20	−0.183	−0.240	0.243	−0.030	0.229	0.182	−0.117	−0.317	−0.103	−0.012
X21	0.028	−0.118	0.055	−0.146	0.252	0.357	0.051	−0.261	0.030	−0.102
X22	0.222	−0.084	0.049	0.189	0.236	−0.032	0.043	0.182	−0.420	0.169
X23	0.636+	−0.034	0.420	0.379	0.042	−0.287	0.442	0.031	−0.428	0.642+
X24	0.283	−0.256	0.182	0.572	0.461	0.164	−0.040	−0.445	−0.468	0.132
X25	0.641+	−0.301	0.297	0.286	0.155	−0.081	0.152	−0.091	−0.425	0.323
X26	0.613+	−0.473	0.100	0.023	0.192	−0.315	0.201	0.076	−0.149	0.592
X27	0.154	−0.401	−0.225	−0.264	0.257	0.466	−0.406	−0.408	0.174	−0.206
X28	−0.661+	0.179	−0.241	−0.288	−0.179	0.409	−0.542	−0.222	−0.178	−0.625+

変数名	X20	X21	X22	X23	X24	X25	X26	X27	X28
Y	−0.183	0.028	0.222	0.636+	0.283	0.641+	0.613+	0.154	−0.661+
X2	−0.240	−0.118	−0.084	−0.034	−0.256	−0.301	−0.473	−0.401	0.179
X5	0.243	0.055	0.049	0.420	0.182	0.297	0.100	−0.225	−0.241
X9	−0.030	−0.146	0.189	0.379	0.572	0.286	0.023	−0.264	−0.288
X10	0.229	0.252	0.236	0.042	0.461	0.155	0.192	0.257	−0.179
X11	0.182	0.357	−0.032	−0.287	0.164	−0.081	−0.315	0.466	0.409
X12	−0.117	0.051	0.043	0.442	−0.040	0.152	0.201	−0.406	−0.542
X13	−0.317	−0.261	0.182	0.031	−0.445	−0.091	0.076	−0.408	−0.222
X14	−0.103	0.030	−0.420	−0.428	−0.468	−0.425	−0.149	0.174	−0.178
X17	−0.012	−0.102	0.169	0.642+	0.132	0.323	0.592	−0.206	−0.625+
X20	1.000	0.535	0.159	−0.137	0.445	−0.099	−0.069	0.101	0.000
X21	0.535	1.000	0.198	0.031	0.263	−0.227	−0.050	0.347	−0.010
X22	0.159	0.198	1.000	0.419	0.455	0.294	0.118	−0.434	0.103
X23	−0.137	0.031	0.419	1.000	0.094	0.479	0.517	−0.290	−0.464
X24	0.445	0.263	0.455	0.094	1.000	0.172	−0.157	−0.048	0.164
X25	−0.099	−0.227	0.294	0.479	0.172	1.000	0.666+	0.000	−0.250
X26	−0.069	−0.050	0.118	0.517	−0.157	0.666+	1.000	0.179	−0.512
X27	0.101	0.347	−0.434	−0.290	−0.048	0.000	0.179	1.000	−0.050
X28	0.000	−0.010	0.103	−0.464	0.164	−0.250	−0.512	−0.050	1.000

	目的変数名	重相関係数	寄与率R^2	R*^2	R**^2		
	Y	1.000	1.000	1.000	0.999		
		残差自由度	残差標準偏差				
		4	0.013				
vNo	説明変数名	分散比	P値（上側）	偏回帰係数	標準偏回帰	トレランス	
0	定数項	2003.7452	0.000	-724.576			
3	X2	0.3652	0.588	+			
4	X5	836.5686	0.000	-0.873	-0.279	0.203	
5	X9	323.5739	0.000	-0.754	-0.185	0.179	
6	X10	467.3587	0.000	-0.604	-0.245	0.147	
7	X11	2.8980	0.164	-0.036	-0.020	0.137	
8	X12	0.0375	0.859	+			
9	X13	1780.9480	0.000	-3.824	-0.379	0.235	
10	X14	8.0022	0.047	0.004	0.021	0.355	
11	X17	1569.6155	0.000	11.545	0.483	0.127	
12	X20	3974.6294	0.000	-31.501	-0.475	0.333	
13	X21	646.5289	0.000	14.601	0.193	0.329	
14	X22	703.9013	0.000	14.421	0.221	0.274	
15	X23	39.2325	0.003	-3.680	-0.065	0.174	
16	X24	1402.6600	0.000	44.978	0.394	0.171	
17	X25	1858.3133	0.000	23.626	0.520	0.130	
18	X26	272.3540	0.000	-10.188	-0.253	0.081	
19	X27	199.4611	0.000	4.545	0.142	0.186	
20	X28	4057.7178	0.000	-58.466	-0.703	0.155	

図 14.8 解 析 結 果

参 考 文 献

[1] 永田靖（2009）：『統計的品質管理』，朝倉書店．
[2] 宮川雅巳（2004）：『統計的因果推論』，朝倉書店．
[3] 棟近雅彦，奥原正夫（2007）：『JUSE-StatWorks による回帰分析入門』，日科技連出版社．

第15章 観察データの回帰分析による要因解析はどこまで可能か？

15.1 要因解析に回帰分析を用いたときの問題点

統計的工程管理における要因解析において，日常のデータ（すなわち，観察データ）の解析に回帰分析を用いることは少なくない．ここで，要因解析とは結果のばらつきを生んだ原因を究明することであり，原因から結果へのメカニズムの解明である．いわば，探索的な因果モデルの構築である．

しかし，このとき回帰分析の結果をどのように解釈するかに関してはそれほど簡単ではない．数値例でそれを示してみよう．

表 15.1 の数値例（データは規準化されている．相関係数行列を表 15.2 に示す）は y が応答変数であり，x_1, x_2 と x_3 は要因系の変数である．y を目的変数，x_1, x_2 と x_3 を説明変数として回帰分析を行ったとする．全ての説明変数をモデルに取り込むと，

$$\hat{y} = \underset{(F=182.3)}{1.028\ x_1} - \underset{(F=1.120)}{0.113\ x_2} + \underset{(F=85.76)}{0.885\ x_3} \tag{15.1}$$

となる．(15.1)式の寄与率は 0.928，自由度調整済み寄与率は 0.917 である．F 値が 2.0 より小さい x_2 を除いてみると，

$$\hat{y} = \underset{(F=243.8)}{1.064\ x_1} + \underset{(F=142.4)}{0.814\ x_3} \tag{15.2}$$

となり，寄与率は 0.924，自由度調整済み寄与率は 0.917 である．

(15.1)式の AIC が 17.48 に対して (15.2)式は 15.63 であり，回帰分析を予測に用いるならば，x_2 を除いた (15.2)式は x_2 を含めた (15.1)式よりも y の予測式として妥当である．

第15章 回帰分析による要因解析

表 15.1 数値例 1

x_1	x_2	x_3	y	x_1	x_2	x_3	y
-0.355	-1.098	-1.137	-1.172	-0.133	-0.386	-0.350	-0.940
-0.098	-0.861	1.327	1.238	-1.277	1.513	1.533	0.080
1.712	-1.177	-1.015	1.377	1.661	-1.256	-1.205	0.729
0.670	-1.177	-1.531	-0.731	1.849	-1.098	-0.692	1.586
-0.918	0.484	-0.795	-1.681	-0.491	0.880	0.318	-0.523
-1.260	1.829	1.738	0.172	-1.414	0.168	-0.264	-1.890
-0.047	1.354	1.533	0.960	-0.560	0.959	0.232	-0.222
0.141	-0.386	-1.000	-0.384	0.346	1.038	0.215	0.080
-0.730	0.247	0.044	-0.685	0.602	-0.782	-0.401	0.427
0.141	1.354	1.447	1.123	0.107	-0.861	-0.059	-0.384
-0.508	0.089	-0.076	-0.453	-1.311	0.959	1.430	0.288
1.234	-0.149	0.301	1.308	1.524	-1.098	-1.103	1.030
-0.884	-0.544	-0.452	-1.334				

表 15.2 数値例 1 の相関係数行列

	x_1	x_2	x_3	y
x_1	1.000	-0.636	-0.503	0.655
x_2	-0.636	1.000	0.788	-0.070
x_3	-0.503	0.788	1.000	0.278
y	0.655	-0.070	0.278	1.000

一方,表 15.1 のデータを用いて,特性 y をばらつかせている原因究明のために要因解析を行うとしよう.(15.1)式と(15.2)式の結果から x_2 は y には効いていないと判断すべきであろうか.ステップワイズに変数の出し入れをすると(15.3)式を得る.

$$\hat{y} = \underset{(F=37.38)}{1.026} x_1 + \underset{(F=12.06)}{0.583} x_2 \qquad (15.3)$$

(15.3)式と(15.1)式を比べると x_2 の偏回帰係数や F 値の違いに気づく.要因解析の立場であると,x_2 の解釈は思案のしどころである.

そもそも何を説明変数にするかによって偏回帰係数の意味が異なる(宮川[5])ので,求まる値は変わって当然である.この数値例における x_2 に関連する解析結果を見る限り,単純に変数選択を行っただけでは要因解析に結び付

15.1 回帰分析を用いたときの問題点

く情報を得るのは難しい．とはいうものの，回帰分析へのニーズとして要因解析への利用は根強いと思われる．椿[3]は，品質管理の分野では問題解決の第一歩として特性要因図や連関図の作成が強調されているにもかかわらず，データ解析にはあまり取り込まれていないことを取り上げ，"回帰分析から因果分析へ"のすすめを説いている．

観察データによって因果分析を行うときにもう1つの問題点がある．

連関図に対応する因果分析の結果が因果ダイアグラム[*1]である．連関図を計量的にモデル化するには原因から結果への因果の方向に関する情報が必要となる．ところが，よく知られているように"相関関係は必ずしも因果関係ではない"ことから，因果の方向を観察データから得ることはできない．表 15.1 のデータから因果モデルを求めようとしても，例えば，図 15.1 に示した因果の方向が異なる2つの因果モデルのどちらかは判断できない．図 15.1 から因果の方向を除いたとき2つとも同じ無向グラフになるからである[*2]．したがって，因果の方向に関する情報は技術情報として事前に必要となる．

本章では回帰分析によって要因解析がどこまで可能かを，実験計画の意義と絡めて考える．

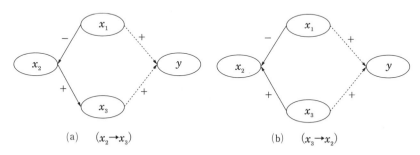

図 15.1 因果の方向が異なる2つの因果ダイアグラム

[*1] 例えば，因果分析の詳細はグラフィカルモデリングや SEM を用いた因果の探索を解説した山口・廣野[6]を，また，専門書としては宮川[5]が参考になる．

[*2] ただし，この場合の無向グラフには図 15.1 の無向グラフに，更に x_1 と x_3 をつなぐ辺が加わる．

15.2 偏回帰係数の解釈

偏回帰係数の一般的な解釈の仕方は"重回帰式中の他の説明変数を固定したもとでの対象とする変数の効果，及び，重回帰式中にない変数に関する間接効果や擬似相関を併せたもの"（例えば，永田[4]）である．

要因解析において要因系の変数を処理変数，中間特性，環境変数に分けることができる．奥野ら[1]が取り上げている塗装工程において図 15.2 の因果関係を持つブース湿度，希釈率，塗料粘度と塗着率を例とするならば，オペレータが操作する塗料に関連する変数（例えば，希釈率）は処理変数であり，処理変数によって変動する塗料の特性（例えば，粘度）は中間特性であり，塗装工程内の雰囲気に関する変数（例えば，ブース湿度）は環境変数である．これらの変数を回帰モデルの説明変数としたとき，"○○を固定したとき"と"○○が観察されたとき"の二通りの解釈がある．処理変数の場合は"○○を固定したとき"であり，中間特性と環境変数は"○○が観察されたとき"である．

例えば，"ブース湿度によってオペレータが塗料の希釈率を変える"のであれば，塗着率を目的変数，ブース湿度と希釈率を説明変数として解析した回帰式におけるブース湿度の偏回帰係数は"希釈率を固定したときのブース湿度の効果"という解釈となり，希釈率の偏回帰係数は"ブース湿度が観察されたときの希釈率の効果"という解釈になる．このとき，塗料粘度や吹き付けガンに

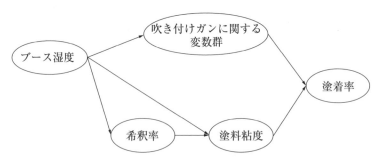

図 15.2 塗装工程の因果ダイアグラム
（奥野ら[1]を参考に著者が作成）

15.3　観察データによる要因解析の限界と実験計画の意義

表 15.3 の数値例（データは規準化されている）は表 15.1 と同様に y が応答変数であり，x_1, x_2 と x_3 は要因系の変数である．しかし，変数 x_3 のデータが採取されていないとしよう．y を目的変数，x_1 と x_2 を説明変数として回帰分析を行ったとする．結果は，

表 15.3　数　値　例　2

x_1	x_2	x_3	y	x_1	x_2	x_3	y
1.933	−0.300	−2.181	−0.893	−0.651	−2.501	−0.182	−2.614
0.649	−0.821	0.258	0.113	0.414	0.076	−0.502	−0.375
0.872	0.140	0.132	0.786	0.746	−0.113	0.059	0.604
0.331	−0.660	0.477	0.335	1.441	−1.257	−0.922	−0.393
−1.128	−0.469	1.619	0.080	−0.315	−0.238	0.609	0.059
0.771	1.113	−0.245	1.264	0.687	1.235	−0.451	1.020
−0.373	0.170	0.577	0.407	0.909	−1.858	−1.269	−2.300
−1.398	0.242	0.935	0.280	−1.635	0.281	1.484	0.397
−0.185	0.126	−0.961	−0.898	0.467	−0.609	0.101	−0.618
−1.440	−1.227	1.715	−0.831	0.390	−0.127	−1.192	−1.134
0.315	0.814	−0.617	0.835	1.652	0.426	−1.689	−0.419
−0.502	1.094	0.702	1.075	−1.740	1.167	1.928	1.378
−0.195	1.315	−0.525	0.761	−0.831	1.400	0.444	1.192
0.572	1.032	−0.912	0.697	−1.366	−1.705	0.850	−1.462
−0.080	0.599	0.203	0.546	−1.130	1.302	0.377	1.021
−0.477	−0.450	0.375	−0.731	1.298	−0.196	−1.195	−0.184

表 15.4　数値例 2 の相関係数行列

	x_1	x_2	x_3	y
x_1	1.000	−0.063	−0.848	−0.120
x_2	−0.063	1.000	0.031	0.863
x_3	−0.848	0.031	1.000	0.314
y	−0.120	0.863	0.314	1.000

$$\hat{y} = \underset{(F=0.494)}{-0.065\,4\,x_1} + \underset{(F=84.9)}{0.859\,x_2} \tag{15.4}$$

となる．表15.4よりx_1とx_2の相関係数が-0.063であることを考えると，応答yに対してx_1は効いていないという結論になる．

ここで，もし変数x_3のデータが採取されており，説明変数として取り込んだならば，

$$\hat{y} = \underset{(F=53.4)}{0.637\,x_1} + \underset{(F=360.4)}{0.878\,x_2} + \underset{(F=90.2)}{0.827\,x_3} \tag{15.5}$$

となる．(15.5)式では応答yに対してx_1は効いているという結論になる．x_1とx_2は処理変数であるのに対して，x_3は当該工程では制御できない外乱であるとき，また，応答yとの相関が高くない（数値例では0.314）ならば，変数x_3は解析対象から外されるケースも少なくない．

x_3が当該工程の環境変数であるとき，図15.3のような因果ダイアグラムが背後にある可能性がある．

図15.3の因果モデルを想定するならば，(15.4)式のx_1の偏回帰係数が負であること，及び応答yに効いていない（F値が小さい）のは，

$$x_1 \to y$$

の正の直接効果が，

$$x_1 \leftarrow x_3 \to y$$

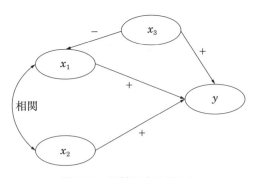

図15.3 因果ダイアグラム

15.3 要因解析の限界と実験計画の意義

の負の擬似効果によって相殺されるからであるという説明ができる．x_3 は処理変数，応答変数どちらにも関連する変数であり，共変量と呼ばれるものである．

黒木[2]は，"採取されたデータが受動的である限り，そこからは'要因に対策を講じたら品質特性 y がどの程度改善されるか'といった能動的な解釈を与えることは難しく，データが採取されなかった要因については何の考察も得られない"と述べている．また，永田[4]は "回帰分析は予測には有用である" が，"要因解析・制御のためには回帰分析だけでは困難である" と述べている．

このように，観察データでは共変量である環境変数を見落としていると主要な要因系変数の偏回帰係数の解釈を難しいものにする可能性がある．ここで，実験計画がクローズアップされる．実験計画は共変量の存在を意識することなしに要因解析を実現する方法であるといっても過言ではない．永田[4]を参考に，因果モデルの構築において実験計画の意義について説明する．

今，表 15.3 の観察データのときと同様な処理変数 x_1 と x_2 があり，例えば，この 2 変数を因子（各 3 水準）とした二元配置実験を実施したとしよう．繰り返しがないとするならば，9 つの条件の実験順序がランダマイズされる．あるがままの状態の観察データである表 15.3 のデータに対し，実験では因子 x_1 と x_2 の水準を"意図的に"変化させる．このとき，図 15.3 で示した環境変数 x_3 から因子 x_1 への因果メカニズムは上記の手順で実施される二元配置の実験計画によって介入を受け，その因果メカニズムが遮断される．すなわち，因子 x_1 から応答 y への効果は環境変数を経由した擬似効果に汚染されることなく求めることができる．ただし，ここでの効果は直接効果と中間特性を経由した間接効果を含めた総合効果を意味する．そして，x_3 から応答 y への因果効果は実験誤差に転化される．実験計画を実施することは，実験対象としなかった要因から実験対象因子への因果メカニズムへ介入することである．しかも，実験に取り上げた 2 つの因子の配置は直交する．直交は説明変数間の相関がないことに相当する．このことを図 15.3 に対応した図 15.4 に示す．

さらに付け加えるならば，図 15.4 に示した x_1 から y 及び x_2 から y への効

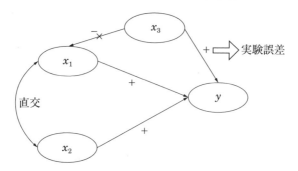

図 15.4　実験計画が意味する因果メカニズムへの介入

果は，必ずしもそれぞれ x_1 から y への，x_2 から y への直接効果を表しているわけではない．例えば，$x_1 \to w \to y$ のように，実験に取り上げられていない，かつ，水準を固定しているわけではない変数 w を経由した間接効果をも含む．図 15.4 の x_1 から y への，x_2 から y への効果は直接効果と間接効果を加えた総合効果である点には注意が必要である．

15.4　観察データの回帰分析を要因解析に利用するときの留意点

以上のことを踏まえ，観察データの回帰分析を要因解析に利用するときの留意点として以下に示す(1)から(4)を挙げることができる．

(1) 観察されていない共変量の存在が偏回帰係数の解釈を難しくする可能性がある．
(2) 変数に先行関係がある場合，その情報が必要である．

これらの問題への対応には，解析対象となる製品や工程に精通したエンジニアからの情報が不可欠である．例えば，そうしたエンジニアとのコミュニケーションができる環境下でデータ解析を行う必要がある．もちろん，そのエンジニア自身が回帰分析を十分に理解しているならばそれに越したことはない．

ただし，観察データによる因果分析には限界がある．共変量に関する情報が

15.4 要因解析に利用するときの留意点

乏しいならば，実験を行うべきである．このときの実験計画のうまみや重要性は 15.3 節で解説したとおりである．

これまでの議論とは別に観察データから要因解析を行う場合の留意点を追記する．

(3) 変数が多い場合，その絞り込みが必要である．

要因解析のための因果分析を行う前に要因の絞り込みが必要となる．変数が過多の場合，求めた因果構造が過度に複雑になり，その解釈が難しいケースが少なくない．また，変数が多いと因果分析自体も難しくなる．

変数の絞り込みには，変数クラスター分析や主成分分析がよく使われる．これらの方法は変数群を構成することによって，その群を代表する変数の選択や合成変数を形成するものである．このとき，解析対象となる製品や工程に精通したエンジニアからの情報が不可欠である．また，変数の数に対してデータ数が少ないときの変数の絞り込みには第 16 章で解説されている lasso が使える．

上記 3 つの留意点がクリアされる "共変量や変数の先行関係に関する事前情報があり，変数の絞り込みが行われている" という条件の下で，回帰分析のステップワイズ法は要因解析に役立つ．ステップワイズ法によって解析対象に精通したエンジニアが持つ仮説を検証すること，併せて，ステップワイズの結果からエンジニアが仮説を生成することを繰り返すことによって，要因解析に用いる因果モデルをより精緻なものにしていくことができる．

以下にステップワイズ法を用いて因果構造を探索する際，因果ダイアグラム作成上の基本となるポイントを示す．

① 解析対象とする変数の最下流である変数 y を目的変数とした回帰モデルにおいて解析対象とする全ての変数を説明変数に加えたとしても，無視できない説明変数であると判断されたとき，その変数は変数 y に直接効果を持つ（ただし，観測していない変数を経由した間接効果が含まれる可能性がある）．

② 最下流の変数 y に直接効果があると判断された変数を目的変数として，その変数よりも上流の変数を説明変数として回帰分析を行う．

基本的には②を繰り返し上流に遡りながら因果構造を検索する．そのとき，次の③から⑤に留意する．

 ③ 因果構造の解析対象とする変数群より上流の変数をすべて説明変数に取り込んでおく．

 ④ 因果構造の解析対象とする変数群より下流の変数を説明変数として取り込んではいけない．

 ⑤-1 目的変数 y の説明変数として統計的に無視できない変数 z が，変数 x を説明変数に加えた途端，説明変数として無視できると判断されたとき，変数 y, x, z 間に $z \to x \to y$，あるいは，$y \leftarrow x \to z$ の因果関係がある可能性がある．

 ⑤-2 目的変数 y の説明変数として統計的に無視できる変数 z が，変数 x を説明変数から外した途端，説明変数として無視できないと判断されたとき，変数 y, x, z 間に $z \to x \to y$，あるいは，$y \leftarrow x \to z$ の因果関係がある可能性がある．

①〜⑤による回帰分析の結果から1つの因果ダイアグラムを構築することになる．しかし，回帰分析では因果ダイアグラムの適合度を評価することはできない．そこで，次の点に留意すべきである．

 (4) 回帰分析によって求めた因果モデルの適合度を評価する．適合の結果によっては因果モデルを微修正する必要がある．

(4)の解析の実行にはパス解析を用いる．SEM（構造方程式モデル，Structural Equation Model）（例えば，山口・廣野[6]）が解析可能な環境が必要となる．このとき，適合度は構築したモデルから推定される相関係数行列と生データから算出された相関係数行列との適合を評価しているのであり，回帰分析における寄与率（回帰モデルによる説明変数のばらつきに対する説明力）とは意味が異なることに注意すべきである．

参 考 文 献

[1] 奥野忠一, 片山善三郎, 入倉則夫, 上郡長昭, 伊東哲二, 藤原信夫 (1986): 『工業における多変量データの解析』, 日科技連出版社.

[2] 黒木学 (2013): 要因効果推定における回帰分析の利用に関する諸注意, 日本品質管理学会第103回研究発表会要旨集, pp.79-82.

[3] 椿広計 (1994): 回帰分析から因果分析へ, 『標準化と品質管理』, Vol.47, No.5, pp.111-116.

[4] 永田靖 (2009):『統計的品質管理』, 朝倉書店.

[5] 宮川雅巳 (2004):『統計的因果推論』, 朝倉書店.

[6] 山口和範, 廣野元久 (2011):『SEM因果分析入門』, 日科技連出版社.

第16章　回帰分析における変数選択の新しい方法

　回帰分析において，データ数 n は説明変数の数 p より大きい，更に"十分大きい"必要があるとされている．しかし近年，p が n より大きい（$p>n$），あるいははるかに大きいという状況におけるデータ分析の必要性がさまざまな分野で生じている．そのため，こうした状況でのデータ分析の手法が開発されている．これは，1つの個体に対しては多数の変数の計測値を得ることができるが，個体数を増やすことはコストなどの面から難しいという事態から生じている．例えば，マイクロアレイデータの解析において，$p = 10\,000$ に対して $n = 100$ のような極端な状況がある．このとき，回帰分析において変数選択は必須となる．品質管理を含むさまざまな分野では，変数選択の手法として伝統的に，逐次選択法や総当たり法が用いられてきた．しかし，$p>n$ や p が n に近い状況では，これらの手法は利用できなかったり，そのパフォーマンスが良くなかったりする．

　Tibshirani は 1996 年，最小2乗法に L_1 罰則（ペナルティ）という制約を課すことにより，変数選択と同時に回帰母数を推定する lasso という手法を提案した．これに触発され，以降，さまざまな手法が提案されており，制約付き回帰（罰則付き回帰，正則化回帰ともいう）と呼ばれる活発な研究領域として確立されている（安道[1]，Hastie ら[2]）．本章では，制約付き回帰の考え方の概略を説明し，品質管理での応用例を示す．

16.1　回帰モデル

　変数の組 $\{y, x_1, x_2, \cdots, x_p\}$ に対して n 組のデータ $\{y_i, x_{i1}, x_{i2}, \cdots, x_{ip}\}$（$i = 1, 2,$

…, n) が得られているとする．このとき，目的変数を y，説明変数を $x_1, x_2, \cdots,$ x_p とする重回帰モデル

$$y_i = \beta_0 + \beta_1 x_{i1} + \beta_2 x_{i2} + \cdots + \beta_p x_{ip} + \varepsilon_i, \ \varepsilon_i \sim N(0, \ \sigma^2)$$
$$(i = 1, 2, \cdots, n) \quad (16.1)$$

を考える．記法を簡単にするために，(16.1)式のモデルをベクトル及び行列で表現しておく．次を定義する．

$$y = \begin{pmatrix} y_1 \\ y_2 \\ \vdots \\ y_n \end{pmatrix}, \ X = \begin{pmatrix} 1 & x_{11} & \cdots & x_{1p} \\ 1 & x_{21} & \cdots & x_{2p} \\ \vdots & \vdots & \ddots & \vdots \\ 1 & x_{n1} & \cdots & x_{np} \end{pmatrix}, \ \beta = \begin{pmatrix} \beta_0 \\ \beta_1 \\ \vdots \\ \beta_p \end{pmatrix}, \ \varepsilon = \begin{pmatrix} \varepsilon_1 \\ \varepsilon_2 \\ \vdots \\ \varepsilon_n \end{pmatrix} \quad (16.2)$$

また，I_n を n 行 n 列の単位行列とする．すると，(16.1)式を次式で表すことができる．

$$y = X\beta + \varepsilon, \ \varepsilon \sim N(0, \ \sigma^2 I_n) \quad (16.3)$$

通常，回帰母数 β の推定には最小2乗法（ols: ordinary least squares）が用いられる．これは，ベクトル $v = (v_1, v_2, \cdots, v_n)^T$ に対して $\|v\|_2 = \sqrt{\sum_{i=1}^{n} v_i^2}$ とするとき，

$$\|y - X\beta\|_2^2 = \sum_{i=1}^{n} (y_i - \beta_0 - \sum_{j=1}^{p} \beta_j x_{ij})^2 \quad (16.4)$$

を最小とする β をその推定値（$\hat{\beta}$）とする方法である．この解（$\hat{\beta}^{\text{ols}}$ とする）は，行列 $X^T X$ の逆行列 $(X^T X)^{-1}$ が存在するとき，

$$\hat{\beta}^{\text{ols}} = (X^T X)^{-1} X^T y \quad (16.5)$$

と求めることができる．しかし，説明変数間に線形関係がある場合や $p > n$ の場合には $(X^T X)^{-1}$ は存在しないので，解を求めるには何らかの工夫が必要となる．

16.2 変数選択の伝統的な方法と規準

重回帰分析における変数選択には，大きく2つの目的がある．1つは，目的変数に対して真に効果のある説明変数を特定することにより，それらの説明変数のみをモデルに残し，モデルを簡単にすることにより解釈を容易にすることである．もう1つは，モデルの作成に利用したデータ以外のデータに対する予測精度を向上させることである．伝統的な変数選択の方法として，逐次選択法がある．変数増加法は，説明変数がない定数項のみのモデル（ヌルモデルという）から出発し，規準とする量が最も大きくなる変数を1つずつ加えていく方法である．これに対して変数減少法は，説明変数全てを利用するモデル（フルモデルという）から出発し，不要な変数を1つずつ除去していく方法である．これらを組み合わせたのが変数増減法（変数減増法）で，ヌルモデル（フルモデル）からスタートし，規準に従って変数の出し入れを1つずつ行っていく方法である．これらに対して，全ての説明変数の組合せのモデルを考え，ある規準の元で最適なものを選択するという総当たり法があるが，変数の数 p が大きくなると，計算が困難となるという問題を持つ．例えば，$p=40$ のとき，考えるモデル数は $2^{40}-1$ であり，1兆を超える．

変数増加・減少法，変数増減・減増法では，1つずつ変数を取り込んだり取り出したりする際に，F 値（t 値，P 値）が伝統的に用いられている．これらの手法は，全ての組合せを探索するわけではないので，必ずしも最適なモデルを選択しないという欠点がある．では，総当たり法が好ましいかというと，必ずしもそうではない．総当たり法では，自由度調整済み寄与率や Mallows の C_p，赤池情報量規準 AIC，ベイズ情報量規準 BIC などを用いてモデル全体を評価することにより変数を選択する．これらの規準は，"モデルの適合性の尺度＋モデルの複雑さに対するペナルティ" と考えることができ，ペナルティには，モデルに取り込まれた説明変数の数が利用される．これらの規準に基づく変数選択は，β に関する不連続な関数に基づく離散的な最適化問題であることから，データの変動に対して解が不安定となることが知られている（Hastie

ら[2]）．逐次選択法で F 値を用いず，AIC などを利用する場合も同様である．

16.3 制約付き回帰の基礎

ここでは，制約付き回帰の基本的な考え方及び代表的な手法を見る．

(1) リッジ回帰

重回帰モデルにおける回帰母数 β の推定において，説明変数間に強い相関又は線形関係があるという多重共線性に対応するための手法として，リッジ (ridge) 回帰がある．リッジ回帰では，通常の最小2乗法に対して，回帰母数に関する制約を (16.6) 式の形で課す．

$$\|\beta\|_2^2 \leq t \text{ という制約の下で，} \|y-X\beta\|_2^2 \text{ を最小にする } \beta \text{ を求める．} \tag{16.6}$$

(16.6) 式は，

$$\lambda \geq 0 \text{ に対して，} \|y-X\beta\|_2^2 + \lambda\|\beta\|_2^2 \text{ を最小にする } \beta \text{ を求める} \tag{16.7}$$

という形で表現することができる．(16.7) 式の $\lambda\|\beta\|_2^2$ をペナルティ項という．λ はペナルティの強さを調整するパラメータであり，チューニングパラメータという．(16.7) 式において，$\lambda=0$ のとき最小2乗法であり，λ が大きくなるとペナルティが強くなる．なお，(16.7) 式は常に解くことができ，その解は

$$\hat{\beta}^{\text{ridge}} = (X^T X + \lambda I_p)^{-1} X^T y \tag{16.8}$$

となる．リッジ回帰は，説明変数が多くあったり，それらの相関が強かったりするとき，モデルがデータに対して過適合（オーバーフィット）する傾向を減少させる機能を持つ．しかし，変数選択は行わない．

(2) lasso

ペナルティ項を一般に $p_\lambda(\beta)$ と記すとき，制約付き最小2乗法は

$$\|y-X\beta\|_2^2 + p_\lambda(\beta) \tag{16.9}$$

を最小とする β を求めることになる．1996年，Tibshirani は，

16.3 制約付き回帰の基礎

$$p_\lambda(\beta) = \lambda \sum_{j=1}^{p} |\beta_j| \quad (16.10)$$

とする lasso (least absolute selection and shrinkage operator) という制約付き回帰の手法を提案した (安道[1], Hastie ら[2]). lasso は, ラッソ又はラスーと読み, この制約を L_1 ペナルティという.

説明変数の数 p が 2 の場合, 通常の回帰分析 (最小 2 乗法) とリッジ回帰, lasso を模式図で表すと図 16.1 のようになる. 通常の最小 2 乗法では, 制約のない中で最小化を行うので, 解は最小 2 乗解 ($\hat{\beta}^{\text{ols}}$) となる. しかし, リッジ回帰や lasso では, ペナルティとして課された原点を中心とする領域内で解を求めることになる. そのため, 解は原点のほうに引き寄せられ, 推定量が縮小される. この制約範囲が大きくて $\hat{\beta}^{\text{ols}}$ を含む場合には制約の影響はなくなり, 解は $\hat{\beta}^{\text{ols}}$ と一致する. さらに lasso では, 制約領域の $\beta_1 = 0$ 又は $\beta_2 = 0$ の位置が尖っているため, 推定量が 0 となる, つまり変数選択が行われる可能性がある (図 16.1 の(c)では, $\beta_1 = 0$ となる). このように lasso は, 変数選択と推定を同時に行う. また, β に関する連続関数の最適化問題となっている.

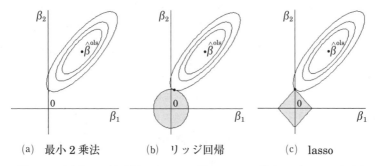

(a) 最小 2 乗法　　(b) リッジ回帰　　(c) lasso

図 16.1 通常の回帰分析とリッジ回帰, lasso の模式図 ($p = 2$ の場合)

(3) 制約付き回帰の進展

lasso では, λ の値に応じて β の解が変化する. そのため, 個別の λ の値に対して解を求める必要があり, 計算量が多くなる. lasso は, このような計算の効率上の問題などから発表当初関心を集めることはなかった. しかし, λ

の全ての値に対して lasso の解を一度に求める手法が提案されることにより状況が変化した．これにより計算効率は，最小2乗法の解を求める場合と変わらなくなった．

lasso は，変数選択とパラメータの推定を同時に行うという利点を持つものの，次のような欠点を持つことが分かっている．

- β の推定に偏りが生じる．
- 説明変数間に強い相関がある場合，通常その内の1つのみ（目的変数と最も相関が強いもの）が選択される．
- 選択される説明変数の数 s は，n と p の小さいほうの個数以下となる（$s \leq \min(n, p)$）．よって $p > n$ の場合，n を超える数の変数を選択することはできない．

こうした問題に対して，さまざまな改良案が提案されてきた．例えば elastic net（エラスティックネット）は，ペナルティ項を

$$p_\lambda(\beta) = \lambda \left(\alpha \sum_{j=1}^{p} |\beta_j| + (1-\alpha) \sum_{j=1}^{p} \beta_j^2 \right), \quad 0 \leq \alpha \leq 1 \tag{16.11}$$

とする制約付き回帰の手法である．これは，リッジ回帰（$\alpha = 0$ の場合）と lasso（$\alpha = 1$ の場合）を結合したペナルティであり，両者の中間的な結果が得られる．elastic net とリッジ回帰の制約領域を図16.2に示す（実線が elastic net，点線がリッジ回帰）．elastic net の制約領域においても，$\beta_1 = 0$ 又は $\beta_2 = 0$ のところで尖っているため，推定量が0となる可能性がある．

elastic net では相関が強い変数は全て選択され，その係数は同じような値として推定される傾向を持つ．その結果，説明変数をグルーピングする効果が生じる．さらに，$p > n$ のとき，n を超える数の説明変数を選択することができる．lasso や elastic net 以外の制約付き回帰の手法もさまざま提案されている（Hastie ら[2]）．

(4) チューニングパラメータの選択

チューニングパラメータ λ の選択は，C_p や情報量規準（AIC，BIC など）を用いたり，交差検証（クロスバリデーション）を用いたりして行うことがで

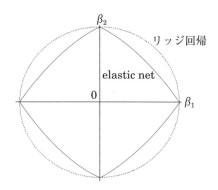

図 16.2 elastic net の制約領域（実線）

きる．K 分割クロスバリデーションでは，データをほぼ同じ大きさの K 個の集合 $(S_1, S_2, \cdots, S_i, \cdots, S_K)$ に分割する．分割された集合の 1 つ（S_i とする）を取り除いたデータ $(S_1, S_2, \cdots, S_{i-1}, S_{i+1}, \cdots, S_K)$ を用いてモデルの当てはめを行い，そのモデルを S_i に適用して予測誤差を評価する．この手順を K 回繰り返し，予測誤差を統合する．これを最小にする値（$\lambda_{\min}$），又はそれより罰則を少し強くする値（$\lambda_{1\mathrm{se}}$）を最適なチューニングパラメータの値とするのが一般的である．

なお，K がサンプルの大きさ n と等しいとき，一つ取っておき法や一つ抜き法ということがある．クロスバリデーションでは，モデルの学習用データと検証用データが異なるため，客観的な結果を得ることが期待できる．

16.4 品質管理における制約付き回帰の応用

制約付き回帰の考え方は，回帰分析以外にも，一般化線形モデル，判別分析，主成分分析，因子分析，グラフィカルモデリングなどのさまざまな多変量解析の手法に適用されている．また，品質管理特有の領域で見ると，過飽和計画やパラメータ設計で得られたデータの分析や多変量管理図などに応用されている．本節では，回帰分析及び過飽和計画の分析において lasso を適用した結果を見る．

(1) 回帰分析――伝統的な変数選択の手法とlassoとの比較

車に関するデータ（データ解析環境R[5]のデータセットmtcars）を用いて，伝統的な変数選択の手法とリッジ回帰，lassoの適用例を見る．以下，計算・作図は全てRを用いて行っている．逐次選択法ではRのパッケージwle，総当たり法ではleaps，リッジ回帰とlassoではglmnetを利用している．

mtcarsデータの最初の5行を表16.1に示す．この表の1列目はサンプル名（車名）である．このデータは，mpg（マイル/ガロン），cyl（シリンダ数），disp（排気量），hp（馬力），drat（リアアクセル比），wt（重量），qsec（1/4マイル時間），vs（V/S），am（オートマチックかマニュアルか），gear（前進ギア比），carb（キャブレター数）という11変数を持つ．サンプルの大きさは$n=32$である．mpgは1ガロン当たりの走行距離（単位：マイル）であり，燃費に相当する．変数amでは，オートマチックを0，マニュアルを1としている．

mpgを目的変数，他の10変数を説明変数とする回帰分析を行う．$n=32$のデータを用いた分析の結果を表16.2に示す（定数項は省略）．リッジ回帰では，全ての説明変数が利用されている．変数増加法と変数増減法，lassoでは同じ変数の組$\{cyl, hp, wt\}$が選択されている．これに対して変数減少法と総当たり法では，wtは共通であるが他は異なる変数の組$\{qsec, am\}$が選択されている．

先に述べたように，伝統的な変数選択の方法は，データの変動に対して不安定であることが報告されている．mtcarsデータを用いてこれを見るために，

表16.1 mtcarsデータ（一部）

	mpg	cyl	disp	hp	drat	wt	qsec	vs	am	gear	carb
Mazda RX4	21.0	6	160	110	3.90	2.62	16.46	0	1	4	4
Mazda RX4 Wag	21.0	6	160	110	3.90	2.88	17.02	0	1	4	4
Datsun 710	22.8	4	108	93	3.85	2.32	18.61	1	1	4	1
Hornet 4 Drive	21.4	6	258	110	3.08	3.22	19.44	1	0	3	1
Hornet Sportabout	18.7	8	360	175	3.15	3.44	17.02	0	0	3	2
⋮					⋮						

16.4 品質管理における制約付き回帰の応用

表 16.2 全データを用いたときの変数選択の結果

	cyl	$disp$	hp	$drat$	wt	$qsec$	vs	am	$gear$	$carb$
変数増加法	-0.942		-0.018		-3.167					
変数減少法					-3.917	1.226		2.936		
変数増減法	-0.942		-0.018		-3.167					
総当たり法					-3.917	1.226		2.936		
リッジ回帰	-0.374	-0.005	-0.012	1.056	-1.205	0.160	0.787	1.592	0.542	-0.535
lasso	-0.833		-0.006		-2.288					

$n=32$ のデータのうち 1 つを取り除いたデータで変数選択を行い，これを 32 回繰り返すことにより各変数の偏回帰係数の推定値の変動を調べる．また，取り除いた 1 つのデータを検証用データとして用い，選択したモデルに基づいて予測値との差の平均 2 乗誤差（MSE: Mean Square Error）を求める．変数増加・減少法，変数増減法での変数の出し入れの判断には F 値を用いる（Fin = Fout = 2）．総当たり法では，BIC を用いてモデルを選択する．これらの手法及びリッジ回帰，lasso の結果を図 16.3 及び図 16.4 に示す．

図 16.3 は，各変数の偏回帰係数の推定値の箱ひげ図であり，図 16.4 は，各手法によって推定された偏回帰係数で 0 でないものの数の棒グラフである．これらの図より，変数増加法，変数増減法，総当たり法により選択された変数の偏回帰係数の推定値の変動が大きいことが分かる．これに対してリッジ回帰・lasso が最も安定しており，次いで，変数減少法となっている．表 16.2 で見たように，変数減少法と総当たり法の結果は他のものとパターンが異なっている．なお，図 16.4 で，lasso により毎回変数 hp が選択されているが，図 16.3 では推定値はほぼ 0 になっている．これは，推定された値が非常に小さいことによる．

各手法による MSE を表 16.3 に示す．MSE は，リッジ回帰，lasso，変数減少法，総当たり法，変数増減法，変数増加法の順に悪くなっている．なお，リッジ回帰及び lasso に関しては，チューニングパラメータをクロスバリデーションにより決定しているため，実行のたびに結果が少し変化する．

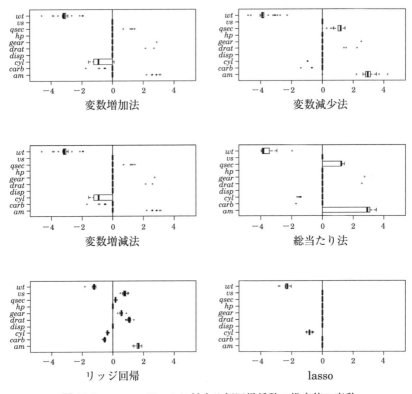

図 16.3 mtcars データに対する偏回帰係数の推定値の変動

表 16.3　MSE

手法	MSE
変数増加法	12.78
変数減少法	10.75
変数増減法	12.61
総当たり法	11.80
リッジ回帰	7.46
lasso	9.20

16.4 品質管理における制約付き回帰の応用

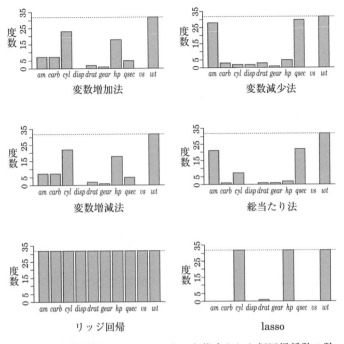

図 16.4 変数選択によって 0 でないと推定された偏回帰係数の数

(2) プラケット・バーマン計画

過飽和計画（SSD: Supersaturated designs）は，多数の因子が存在するが，そのうち少数個のみに効果があると考えられるときに用いられる実験計画法である．2つの因子 A, B（各2水準）を取り上げた2元配置分散分析を考える．これの回帰モデルは，交互作用として積の項を考えると次式となる．

$$y = \beta_0 + \beta_1 x_1 + \beta_2 x_2 + \beta_{12} x_1 x_2 + \varepsilon$$
$$\varepsilon \sim N(0, \sigma^2) \tag{16.12}$$

このモデルで繰り返しがない場合，データ数は $n = 4$ であり，定数項 β_0 を除く推定すべきパラメータ数は3となる．そのため，誤差に対する自由度はなく，交互作用の効果を検出することはできない．だから，交互作用効果の検出を行うために，繰り返しを入れたり，反復を行ったりする．一般に実験計画

法において，因子の自由度の合計 ϕ に対して $\phi = n-1$ のとき，飽和計画という．これに対して SSD とは，$\phi > n-1$ となる実験計画法をいう．SSD に対して，制約付き回帰の手法を適用することができる（Phoa ら[4]）．

例として，表 16.4 に示す鋳造物の疲労データ（Wu and Hamada[6]）を取り上げる．これは，y を特性とし，$A \sim G$ の 7 つの因子（いずれも 2 水準）を $L_{12}(2^{11})$ 直交表に割り付けて実験を行って得られたデータである（$n = 12$）．[8]～[11] の 4 列には因子は割り付けられていない．L_{12} 直交表（$L_{12}(2^{11})$）は 12 行 11 列を持ち，これを利用する計画をプラケット・バーマン計画（Plackett and Burman Designs）という．これを用いると 2 水準の因子を 11 割り付けることができ，2 列に割り付けた 2 因子間の交互作用は，他の列に分散されて表れるという特徴を持つ．他に，L_{20}, L_{24}, L_{36} などがある（山田[3]）．なお，表 16.4 では，プラケット・バーマン計画の行のいくつかを入れ替えた形になっている（番号 2 と 11，3 と 10，4 と 9，5 と 8，6 と 7）．

本データに対して，7 つの主効果及びこれらの 2 因子交互作用全て（21 組）を含む回帰モデルを考える．これに対して lasso を適用すると，モデルは (16.13) 式の形で推定された．なお，式中の記号，例えば f は，主効果 F の効

表 16.4 鋳造物の疲労データ

因子 列番号 行番号	A [1]	B [2]	C [3]	D [4]	E [5]	F [6]	G [7]	[8]	[9]	[10]	[11]	y
1	1	1	-1	1	1	1	-1	-1	-1	1	-1	6.058
2	1	-1	1	1	1	-1	-1	-1	1	-1	1	4.733
3	-1	1	1	1	-1	-1	-1	1	-1	1	1	4.625
4	1	1	1	-1	-1	-1	1	-1	1	1	-1	5.899
5	1	1	-1	-1	-1	1	-1	1	1	-1	1	7.000
6	1	-1	-1	-1	1	-1	1	1	-1	1	1	5.752
7	-1	-1	-1	1	-1	1	1	-1	1	1	1	5.682
8	-1	-1	1	-1	1	1	-1	1	1	1	-1	6.607
9	-1	1	-1	1	1	-1	1	1	1	-1	-1	5.818
10	1	-1	1	1	-1	1	1	1	-1	-1	-1	5.917
11	-1	1	1	-1	1	1	1	-1	-1	-1	1	5.863
12	-1	-1	-1	-1	-1	-1	-1	-1	-1	-1	-1	4.809

果を，ae は交互作用効果 $A\times E$ を意味する（以下同じ）．

$$\hat{y} = 5.730 + 0.246\,f - 0.117\,ae - 0.247\,fg \tag{16.13}$$

よって，主効果 A, E, F, G，交互作用効果 $A\times E, F\times G$ を考慮した追加実験を行えばよいことが分かる．

(3) 混合系直交表

混合系直交表の分析例として，血糖値データ（Wu and Hamada[6]）を取り上げる．この実験は，1つの2水準因子 A，7つの3水準因子 B〜H を取り上げ，混合系直交表の $L_{18}(2^1 3^7)$ に割り付けて行われた．特性値 y は平均血糖値である．データを表16.5に示す．

3水準因子の効果を分解して交互作用を解析する．3水準の因子 B〜H は自由度2を持つので，これらを自由度1の1次（線形）効果 $(1, 0, -1)$ と自由度1の2次効果 $(1, -2, 1)$ に分解する（Phoa ら[4]）．例えば一般に3水準因

表 **16.5** 血糖値データ

因子 行番号　列番号	A [1]	G [2]	B [3]	C [4]	D [5]	E [6]	F [7]	H [8]	y
1	1	1	1	1	1	1	1	1	97.94
2	1	1	2	2	2	2	2	2	83.40
3	1	1	3	3	3	3	3	3	95.88
4	1	2	1	1	2	2	3	3	88.86
5	1	2	2	2	3	3	1	1	106.58
6	1	2	3	3	1	1	2	2	89.57
7	1	3	1	2	1	3	2	3	91.98
8	1	3	2	3	2	1	3	1	98.41
9	1	3	3	1	3	2	1	2	87.56
10	2	1	1	3	3	2	2	1	88.11
11	2	1	2	1	1	3	3	2	83.81
12	2	1	3	2	2	1	1	3	98.27
13	2	2	1	2	3	1	3	2	115.52
14	2	2	2	3	1	2	1	3	94.89
15	2	2	3	1	2	3	2	1	94.70
16	2	3	1	3	2	3	1	2	121.62
17	2	3	2	1	3	1	2	3	93.86
18	2	3	3	2	1	2	3	1	96.10

子を P とし,その1次効果を P_ℓ, 2次効果を P_q と表すと,因子 B〜H の効果は表16.6のように分解できる(因子 A については,水準1を0に,水準2を1にしている).

さらに,前項(2)と同様に因子及び分解した効果間の交互作用項を考える.考慮する効果は,因子 A の主効果が1,因子 B〜H の1次効果が7,2次効果が7,因子 A と B〜H の1次効果との交互作用が7,因子 A と B〜H の2次効果との交互作用が7,因子 B〜H の1次と1次,1次と2次,2次と2次の交互作用が84あるので(同じ因子の1次効果と2次効果の交互作用は考えない),$n=18$ に対して説明変数の数は $p=113$ となる.このようにして作成したデータに対して lasso を適用した結果,得られた回帰モデルは次式となった.

$$\hat{y} = 95.948 - 2.805\, b_\ell h_q - 0.942\, b_q h_q + 0.094\, c_q g_q - 0.394\, e_\ell f_\ell$$

(16.14)

選択された効果の関係を図16.5に示す.図より,交互作用を持つ因子は,

表16.6 血糖値データ—3水準の因子を1次と2次の効果に分解

因子 行番号	A	G_ℓ	G_q	B_ℓ	B_q	C_ℓ	C_q	D_ℓ	D_q	E_ℓ	E_q	F_ℓ	F_q	H_ℓ	H_q
1	0	1	1	1	1	1	1	1	1	1	1	1	1	1	1
2	0	1	1	0	-2	0	-2	0	-2	0	-2	0	-2	0	-2
3	0	1	1	-1	1	-1	1	-1	1	-1	1	-1	1	-1	1
4	0	0	-2	1	1	1	1	0	-2	0	-2	-1	1	-1	1
5	0	0	-2	0	-2	0	-2	-1	1	-1	1	1	1	1	1
6	0	0	-2	-1	1	-1	1	1	1	1	1	0	-2	0	-2
7	0	-1	1	1	1	0	-2	1	1	-1	1	0	-2	-1	1
8	0	-1	1	0	-2	-1	1	0	-2	1	1	-1	1	1	1
9	0	-1	1	-1	1	1	1	-1	1	0	-2	1	1	0	-2
10	1	1	1	1	1	-1	1	-1	1	0	-2	0	-2	1	1
11	1	1	1	0	-2	1	1	1	1	-1	1	-1	1	0	-2
12	1	1	1	-1	1	0	-2	0	-2	1	1	1	1	-1	1
13	1	0	-2	1	1	0	-2	-1	1	1	1	-1	1	0	-2
14	1	0	-2	0	-2	-1	1	1	1	0	-2	1	1	-1	1
15	1	0	-2	-1	1	1	1	0	-2	-1	1	0	-2	1	1
16	1	-1	1	1	1	-1	1	0	-2	-1	1	1	1	0	-2
17	1	-1	1	0	-2	1	1	-1	1	1	1	0	-2	-1	1
18	1	-1	1	-1	1	0	-2	1	1	0	-2	-1	1	1	1

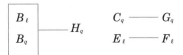

図 16.5 選択された効果の関係

$\{B, H\}$, $\{C, G\}$, $\{E, F\}$ という因子の 3 グループに分かれていることが分かる．さらに，追加実験を行う場合，因子 E, F は 1 次効果のみが残っているので 2 水準を考えればよいが，因子 B, C, G, H については 2 次の効果が残っているため，3 水準を考える必要がある．このような情報を取り入れて追加実験を行えば，実験回数を減少させる効率的な実験を行うことが期待できる．

パラメータ設計において，結果の再現性の確認を行ったところ再現性があるといえない場合，その原因の 1 つとして交互作用の存在が疑われる．このとき，現在得られている実験データに基づいて主効果及び交互作用効果をあらかじめスクリーニングできれば，以後の実験に際しての有益な情報となる．このようなとき，制約付き回帰の考え方を用いることにより，このデータに基づいて交互作用の分析を行うことができる．

16.5 おわりに

本章では，説明変数の数 p がデータ数 n より大きい状況において利用できる制約付き回帰の手法を見た．品質管理において，この手法が，例えば，過飽和計画，混合系直交表の解析における交互作用効果の分析に利用できる可能性を簡単に示した．

多品種少量生産や膨大な工程変数が自動的に計測されている現状を見ると，$p>n$ の状況のため，こうしたデータが利用されないままになっている可能性がある．伝統的な手法である変数増加法や変数増減法を用いることも考えられるが，これらの手法は不安定であることが指摘されている．こうした状況において，制約付き回帰分析の考え方を利用することにより，得られているデータ

から説明変数の候補をあらかじめスクリーニングし，その結果に基づいて追加実験を行うことにより，より精密に効率的に情報を取得することが可能となる．品質管理において，制約付き回帰の手法の更なる適用が期待される．

参考文献

[1] 安道知寛（2014）：『高次元データ分析の方法』，朝倉書店．
[2] Hastie, T., Tibshirani, R. and Friedman, J.（2014）：『統計的学習の基礎』，杉山将他監訳，共立出版．
[3] 山田秀（2004）：『実験計画法―方法編―』，日科技連出版社．
[4] Phoa, F.K.H., Pan, Y-H. and Xu, H.（2009）：Analysis of supersaturated designs via the Dantzig selector, *Journal of Statistical Planning and Inference*, Vol.139, pp.2362-2372.
[5] R Core Team（2015）：R: A language and environment for statistical computing, R Foundation for Statistical Computing, Vienna, Austria, URL: http://www.R-project.org/.
[6] Wu, C.F.J. and Hamada, M.S.（2009）：*Experiments: Planning, Analysis, and Optimization* 2nd ed., Wiley.

第 17 章　工程の状態を把握するための 3 つの指標

　工程の状態を把握する簡便な指標として工程能力指数が用いられている．しかし，用いる場面に応じて，工程能力指数・工程変動指数・機械能力指数と区別する必要がある．本章では，これらの 3 つの指数を対比して議論する．本章では，永田・棟近[1]の内容のエッセンシャルな部分を要約する．

17.1　工程能力指数

　母集団分布が正規分布 $N(\mu, \sigma^2)$ と想定し，上側規格 S_U (upper specification) と下側規格 S_L (lower specification) のいずれか，又は両方の存在を仮定する．このとき，よく用いられている工程能力指数（process capability index）として次の 4 つがある．

$$下側規格 S_L のみが存在する場合：C_{pL} = \frac{\mu - S_L}{3\sigma} \tag{17.1}$$

$$上側規格 S_U のみが存在する場合：C_{pU} = \frac{S_U - \mu}{3\sigma} \tag{17.2}$$

$$両側に規格が存在する場合 1：C_p = \frac{S_U - S_L}{6\sigma} \tag{17.3}$$

$$両側に規格が存在する場合 2：C_{pk} = \min(C_{pL}, C_{pU}) \tag{17.4}$$

ここで，$\min(a, b)$ は a と b の小さいほう（同じ場合はどちらでもよい）を表す．

　(17.4)式を次のように表すこともある．

$$C_{pk} = (1-k)C_p \tag{17.5}$$

ここで，

$$k = |\mu - M|/d \tag{17.6}$$
$$M = (S_U + S_L)/2 \tag{17.7}$$
$$d = (S_U - S_L)/2 \tag{17.8}$$

である．

　k は母平均 μ と規格の中心 M との差を表すのでかたより度と呼ばれる．(17.5)式から分かるように，C_{pk} は C_p をかたより度 k により調整した量である．$k \geq 0$ なので，常に $C_p \geq C_{pk}$ が成り立つ．$k = 0$ のとき，すなわち，母平均 μ が規格の中心 M に一致する場合のみ，$C_p = C_{pk}$ が成り立つ．

　母平均 μ が下側規格より小さい場合（$\mu < S_L$）には，C_{pL} と C_{pk} はマイナスの値となる．同様に，母平均 μ が上側規格より大きい場合（$\mu > S_U$）にも，C_{pU} と C_{pk} はマイナスの値となる．これらは非常に極端な場合であるが，C_p 以外はマイナスの値を取り得ることを知っておくのがよい．ただし，文献によっては，マイナスの値を取るときには指数の値を 0 と設定していることもあるが，そのような設定にはあまり意味がない．マイナスの値も考慮するほうが，工程能力の悪さの程度がはっきりしてよい．

　(17.1)式～(17.4)式は母数を含むので，母工程能力指数と呼ぶ．

　母工程能力指数の値と不良率との関係を考える．それらは，正規分布に基づく簡単な確率計算より求めることができる．C_{pL} 又は C_{pU} の値に対応する不良率は，表 17.1 に示す通り，一意に定まる．それに対して，C_p が同じ値であっても，それに対応する不良率は一意には定まらない．母平均 μ が規格の中心にあるときには C_p に対応する不良率は最小値となり，表 17.1 に示した C_{pL} 又は C_{pU} の同じ値に対応する不良率の 2 倍になる．一方，母平均 μ が規格の中心からずれるにつれて，C_p に対応する不良率はどんどん大きくなる．したがって，C_p の使用は，母平均 μ が規格の中心に一致しているとき，又は，母平均を容易に調節・変更できるとき以外は参考程度に用いるのがよい．C_{pk} が同じ値の場合には，母平均 μ が規格の中心にあるときに不良率は最大となる．こ

17.1 工程能力指数

表 17.1 C_{pL}, C_{pU} の値と不良率との関係

μ と規格との差	C_{pL}, C_{pU} の値	不良率	不良率（%）	不良率（ppm）
1.0σ	0.33	0.158 66	15.866	158 655
2.0σ	0.67	0.022 75	2.275	22 750
3.0σ	1.00	0.001 35	0.135	1 350
4.0σ	1.33	3.2×10^{-5}	0.003 2	32
4.5σ	1.50	3.4×10^{-6}	3.4×10^{-4}	3.4
6.0σ	2.00	9.9×10^{-10}	9.9×10^{-8}	0.000 99

の最大不良率は，表 17.1 に示した C_{pL} 又は C_{pU} の同じ値に対応する不良率の 2 倍になる．一方，母平均 μ と片方の規格との乖離が大きくなるにつれて，対応する不良率は小さくなり，その最小値は表 17.1 に示す，C_{pL} の同じ値に対応する不良率に一致する．

工程能力指数を総称して PCI（process capability index）と表す．工程能力指数について，上記の不良率との関係に基づき，次の評価規準がよく用いられる．

(a) PCI≧1.33 なら，工程能力はある．

(b) 1.00≦PCI＜1.33 なら，工程能力はいま一歩である．

(c) PCI＜1.00 なら，工程能力はない．

(d) PCI＜0.67 なら，工程能力は全く不足している．

ただし，極めて高い工程能力が要求される工程では，PCI≧1.33 という規準が満たされるからといって満足できる状態とは限らない．

上述した工程能力指数は母数（パラメータ）である．規格値は既知であるが，μ や σ は，通常，未知である．そこで，データ $x_1, x_2, \cdots, x_n$ より μ と σ を

$$\hat{\mu} = \bar{x} = \frac{1}{n}\sum_{i=1}^{n} x_i \tag{17.9}$$

$$\hat{\sigma} = s = \sqrt{V} = \sqrt{\frac{\sum(x_i-\bar{x})^2}{n-1}} \tag{17.10}$$

と推定し，(17.1)式〜(17.4)式に代入する．すなわち，母工程能力指数を

下側規格 S_L のみが存在する場合：$\hat{C}_{pL} = \dfrac{\bar{x} - S_L}{3s}$ \hfill (17.11)

上側規格 S_U のみが存在する場合：$\hat{C}_{pU} = \dfrac{S_U - \bar{x}}{3s}$ \hfill (17.12)

両側に規格が存在する場合 1：$\hat{C}_p = \dfrac{S_U - S_L}{6s}$ \hfill (17.13)

両側に規格が存在する場合 2：$\hat{C}_{pk} = \min(\hat{C}_{pL}, \hat{C}_{pU})$ \hfill (17.14)

と推定する．これらを標本工程能力指数と呼ぶ．

　工程能力指数を推定して評価するのは，管理図などにより工程が安定状態であることが確認できた場合である．すなわち，工程は1つの母集団を形成すると考えられる場合である．このときには，平均の群間変動は存在しないから，σ の推定には　$\hat{\sigma} = s = \sqrt{V}$ と　$\hat{\sigma} = \bar{R}/d_2$ のどちらを用いてもよい．

　先の評価規準は母工程能力指数について設定されたものである．推定した (17.11)式〜(17.14)式は，統計量であり，ばらつきを持つから，信頼下限を求めて，それに評価規準を適用することが望ましい．各工程能力指数の信頼率 $100(1-\alpha)$ %の信頼区間は次のように求める．

$$\left(\hat{C}_{pL} - z_{\alpha/2} \sqrt{\dfrac{\hat{C}_{pL}^2}{2(n-1)} + \dfrac{1}{9n}},\ \hat{C}_{pL} + z_{\alpha/2} \sqrt{\dfrac{\hat{C}_{pL}^2}{2(n-1)} + \dfrac{1}{9n}} \right) \quad (17.15)$$

$$\left(\hat{C}_{pU} - z_{\alpha/2} \sqrt{\dfrac{\hat{C}_{pU}^2}{2(n-1)} + \dfrac{1}{9n}},\ \hat{C}_{pU} + z_{\alpha/2} \sqrt{\dfrac{\hat{C}_{pU}^2}{2(n-1)} + \dfrac{1}{9n}} \right) \quad (17.16)$$

$$\left(\hat{C}_p \sqrt{\dfrac{\chi^2(n-1, 1-\alpha/2)}{n-1}},\ \hat{C}_p \sqrt{\dfrac{\chi^2(n-1, \alpha/2)}{n-1}} \right) \quad (17.17)$$

$$\left(\hat{C}_{pk} - z_{\alpha/2} \sqrt{\dfrac{\hat{C}_{pk}^2}{2(n-1)} + \dfrac{1}{9n}},\ \hat{C}_{pk} + z_{\alpha/2} \sqrt{\dfrac{\hat{C}_{pk}^2}{2(n-1)} + \dfrac{1}{9n}} \right) \quad (17.18)$$

ここで，z_P は標準正規分布の上側 $100P$ %点（例えば，$z_{0.025} = 1.960$, $z_{0.05} = 1.645$）である．また，$\chi^2(\phi, P)$ は自由度 ϕ の χ^2 分布の上側 $100P$ %点である．

17.1 工程能力指数

これらの信頼区間の区間幅は，サンプルサイズ n が大きいほど狭くなる．そこで，信頼区間の区間幅に基づいて必要なサンプルサイズを定める方法を紹介する．まず，C_{pL} に対する区間推定（17.15）式に基づいて考える．(17.15) 式の区間幅を 2δ 以下にしたいとすると，必要なサンプルサイズ n は

$$n \geq \frac{z_{\alpha/2}^2}{\delta^2}\left(\frac{\hat{C}_{pL}^2}{2}+\frac{1}{9}\right) \tag{17.19}$$

となる．信頼率を 95% とするとき，δ と $\hat{C}_{pL}$ を変化させたときの（17.19）式の右辺の値を表 17.2 に示す．C_{pU} と C_{pk} に対する（17.16）式と（17.18）式は（17.15）式と同じ形をしているから，必要なサンプルサイズ n は表 17.2 と同じ結果となる．次に，C_p に対する区間推定（17.17）式に基づいて考えよう．(17.17) 式の区間幅を 2δ 以下にしたいなら，必要なサンプルサイズ n は

$$n \geq \frac{z_{\alpha/2}^2 \hat{C}_p^2}{2\delta^2}+1 \tag{17.20}$$

となる．δ と $\hat{C}_p$ を変化させたときの（17.20）式の右辺の値を表 17.3 に示す．

必要なサンプルサイズ n は，δ と工程能力指数の推定値により定まる．工程能力指数の推定値はデータをとる前には不明だから，これを予想される値に置き換えて考える．δ が小さいほど，また，工程能力指数の推定値が大きいほど，必要なサンプルサイズは大きくなる．ただし，工程能力指数が大きい場合には δ の値はあまり小さく設定する必要はない．

表 17.2 必要なサンプルサイズ

[(17.19)式の右辺の値，信頼率：95%]

$\hat{C}_{pL}$	δ			
	0.20	0.15	0.10	0.05
0.7	34.2	60.8	136.8	547.2
1.0	58.7	104.3	234.8	939.1
1.3	91.8	163.2	367.3	1 469.2
1.5	118.7	211.1	474.9	1 899.5
2.0	202.8	360.4	811.0	3 244.0

表17.3 必要なサンプルサイズ
[(17.20)式の右辺の値,信頼率：95%]

$\hat{C}_p$	δ			
	0.20	0.15	0.10	0.05
0.7	24.5	42.8	95.1	377.5
1.0	49.0	86.4	193.1	769.3
1.3	82.2	145.3	325.6	1 299.5
1.5	109.0	193.1	433.2	1 729.7
2.0	193.1	342.5	769.3	3 074.3

17.2 工程変動指数

工程変動は process performance の訳であり，工程変動指数（process performance index）はその定量的指標である．工程変動指数の"計算"式は工程能力指数の推定と同じで，次の通りである．

$$下側規格 S_L のみが存在する場合：P_{pL} = \frac{\bar{x} - S_L}{3s} \tag{17.21}$$

$$上側規格 S_U のみが存在する場合：P_{pU} = \frac{S_U - \bar{x}}{3s} \tag{17.22}$$

$$両側に規格が存在する場合1：P_p = \frac{S_U - S_L}{6s} \tag{17.23}$$

$$両側に規格が存在する場合2：P_{pk} = \min(P_{pL}, P_{pU}) \tag{17.24}$$

ここで"推定"ではなく"計算"という言葉を使ったのは次の理由による．工程変動指数は工程が安定状態でない場合に計算される．工程が安定状態ではないので，母集団が1つに確定せず，母平均 μ や母標準偏差 σ が適切に定まらない．そこで，データ採取時の変動を加味することを念頭に入れ，工程能力指数の"推定"式になぞらえて，記述統計的に標本平均 $\bar{x}$ や標本標準偏差 $s = \sqrt{V}$ を計算し，工程変動指数を求める．母数を推定しているわけではない

ので"ハット"の記号はつけない．

　工程が安定状態でないなら群間変動が存在する可能性があるので，その変動を含んだ $s=\sqrt{V}$ を用いる．管理図から計算する $\overline{R}/d_2$ は平均の群間変動を含まないので，これを用いるのは適切でない．実際，$\overline{R}/d_2$ を用いて計算すると工程変動指数の値は良好な値になってしまう．この良好な値は，群間変動がなくなったときに達成される工程能力指数の値として参照するのは意味がある．

17.3　機械能力指数

　機械のみに限定してデータのばらつきを計量する指標として機械能力指数がある．これは machine performance index と呼ばれるもので，その定義式は工程能力指数の場合と同じである．

下側規格 S_L のみが存在する場合：$M_{pL} = \dfrac{\mu - S_L}{3\sigma}$ （17.25）

上側規格 S_U のみが存在する場合：$M_{pU} = \dfrac{S_U - \mu}{3\sigma}$ （17.26）

両側に規格が存在する場合 1：$M_p = \dfrac{S_U - S_L}{6\sigma}$ （17.27）

両側に規格が存在する場合 2：$M_{pk} = \min(M_{pL}, M_{pU})$ （17.28）

　機械能力指数は，文字通り，機械自体の能力を評価するものなので，機械に関連する変動以外は取り除いて得られたデータから計算する必要がある．したがって，1つの母集団を想定することができるから，(17.25)式～(17.28)式は母機械能力指数である．

　母機械能力指数と不良率との関係は，17.1節で述べた，母工程能力指数と不良率との関係と同じである．

　これらの母機械能力指数をデータより次のように推定する．推定式は工程能力指数の場合と同じである．これらを標本機械能力指数と呼ぶ．

下側規格 S_L のみが存在する場合：$\hat{M}_{pL} = \dfrac{\bar{x} - S_L}{3s}$ (17.29)

上側規格 S_U のみが存在する場合：$\hat{M}_{pU} = \dfrac{S_U - \bar{x}}{3s}$ (17.30)

両側に規格が存在する場合 1：$\hat{M}_p = \dfrac{S_U - S_L}{6s}$ (17.31)

両側に規格が存在する場合 2：$\hat{M}_{pk} = \min(\hat{M}_{pL}, \hat{M}_{pU})$ (17.32)

σ の推定には，工程能力指数と同様，s と $\bar{R}/d_2$ の両者を用いることができる．想定している母集団におけるばらつきは機械だけに関連するので，工程能力指数の場合よりもずっと小さなばらつきを相手にすることになる．このことより，その判断規準は工程能力指数の場合よりもずっと大きな値と照らし合わせる（又は，指数の分母を 4/3 倍して従来の評価方法を用いることもある）．

機械能力指数についても信頼区間を求めることができる．信頼区間の公式は (17.15) 式～(17.18) 式において，標本工程能力指数を対応する形の標本機械能力指数で置き換えるだけでよい．

17.4 各種指数の使用ストーリー

工程能力指数・工程変動指数・機械能力指数の区別は重要である．これらを明確に区別するためには，"工程が安定状態であるかどうか""誤差としてどのようなものを考えているのか"を適切に判断する必要がある．

各種指数の使用に当たって，次のようなストーリーを考えることができる．

第 1 段階：機械や設備のみに限定して機械能力指数を把握しておく．

第 2 段階：初期流動管理において，管理図を併用して，工程変動指数を計測する．

第 3 段階：群内のばらつきを減少させ，群間でそのばらつきが一定になるように改善する．このとき，$s = \sqrt{V}$ を用いた工程変動指数

と $\bar{R}/d_2$ を用いた工程変動指数を計算する．後者は，次のステップで平均の群間変動を一定にしたときに達成される工程能力指数の値となる．

第4段階：平均の群間変動を抑える．この段階で母集団を1つ想定できる．仁科[2]は統計的工程管理のライフサイクルという観点から詳しい議論を展開している．

参 考 文 献

[1] 永田靖・棟近雅彦（2011）：『工程能力指数』，日本規格協会．
[2] 仁科健（2009）：『統計的工程管理』，朝倉書店．

第18章 工程能力情報を何に活用するか？

18.1 はじめに

本章は仁科[6]の第6章の一部を取り上げ，加筆したものである．

工程能力，あるいは，工程能力指数は品質保証上においても，品質改善上においても，重要で，かつ，広く普及している指標の1つである．計測技術やそこから得られる情報の処理技術の発展によって，複雑な形状のオンライン計測や機器分析に代表されるように物性計測のデジタル化が可能になった昨今，保証特性のデータの獲得は飛躍的に進歩してきた．このような発展は効率的，かつ，効果的な品質保証に寄与するものである．しかし，品質改善の側面から見るならば，保証特性が複雑であり，かつ，複合的な特性であるがゆえに，工程能力情報をそのまま品質改善に役立てることが容易ではないケースがある．ここでは，工程能力情報の活用の視点から，工程能力と工程能力指数を見直してみたい．

結論から述べるならば，工程能力情報の用途は2通りあると考えられる．1つは保証情報としての用途であり，もう一方は技術情報としての用途である．この二面性を認識した上で工程能力情報を上手に使う必要がある．その1つが，工程能力と工程能力指数の使い分けである．そもそも工程能力と工程能力指数は異なるものである．保証特性と技術特性が必ずしも一致するとは限らない．本章では，工程能力情報の活用の視点から，それぞれの活用の場に即した品質特性の選択と工程能力情報を活かすための指標（工程能力と工程能力指数）の使い分けについて述べる．

18.2　工程能力と工程能力指数の違い

　工程能力は，生産行為の成果によって計量されるものである．品質を"生産行為の成果が持つ価値"とするならば，工程能力は品質特性によって計量されるものである．その成果を産み出す工程は管理状態であることが前提となる．工程が管理状態にあるとは"'いつもの状態'が将来にわたって維持されることが期待できる状態"である．工程能力は，一過性の成果に対する評価ではない．また，工程が管理状態であることを前提とすることから，工程を1つの母集団モデルとして表現できることが必要となる．

　ISO 3534-2[1]には工程能力の基礎となるものとして"reference interval"という用語が定義されている．reference intervalの定義は分布の99.865パーセント点と0.135パーセント点の差である．正規分布のときは6倍の標準偏差であることが注記されている．reference intervalは，実質的にはデータの範囲（データの最大値から最小値を引いたもの）となる．ISO 3534-2の定義にはないが，reference intervalは"natural interval"と呼ばれることもある．パーセント点で表記するISO 3534-2でのreference intervalの定義には違和感があるものの，"natural"という表現には考えさせられるところがある．ここでのnaturalには"不自然な妨害を除いた後の，妨げを受けない状態での実績"の意味がある（Western Electric Co.[4]）．我が国では"妨げを受けない工程の自然な実績"を"6倍の標準偏差"で表すのが一般的である．少なくとも，許容差と対比させる統計量には，範囲よりも標準偏差を用いるのが妥当である．したがって，目標値と許容差に対する評価として，それぞれ品質特性の分布特性である平均と標準偏差を用いる．目標値に対する評価を考慮しなくてよい場合は，標準偏差のみで表現する．

　以上のことから，品質特性の分布の母平均をμ，母標準偏差をσとすると，工程能力を

　　6σ，あるいは，$\mu \pm 3\sigma$

で計量する．

一方，工程能力指数は設計から与えられた規格に対する工程能力の満足度を計量するものである（木暮[4]）．そこで，工程能力指数を

$$C_p = \frac{S_U - S_L}{6\sigma}, \quad C_{pk} = \min\left(\frac{S_U - \mu}{3\sigma}, \frac{\mu - S_L}{3\sigma}\right)$$

とし，これらの指標は規格に対する工程能力の満足度指数と解釈できる．

18.3 工程能力情報の活用

前述したように，工程能力情報は保証情報と技術情報の二面性を持つ．保証情報と技術情報とでは対象となる品質特性あるいは計量的指標が必ずしも同じではない．

保証情報は，規格に対する（将来にわたって維持されることが期待できる）成果のばらつきの評価として用いられる情報である．まさに，工程能力指数として後工程に対して保証の証として提供される情報である．

一方，技術情報は自工程の工程改善に活用される情報である．工程能力の維持管理が管理活動の主目的となる量産流動期に移行するまでの試験流動期から初期流動期では，工程能力の向上を指向した管理活動（工程改善）が必要である．このとき工程改善に必要な工程能力情報は，当該工程を構成する，あるいは，加工のメカニズムを構成する工程要素に対応する工程能力情報として活用される．設計部門にとって後工程の製造部門は"お客様"である．ただし，製造部門は積極的に情報を提供するお客様でなければならない．提供すべき情報の１つが工程能力情報である．この場合の指標としては，工程能力指数よりも工程能力そのものである．

対象とすべき品質特性が，保証特性の場合と技術特性の場合とでは必ずしも一致しないことを図18.1の簡単な例で説明する．図18.1は端面基準Cによって穴Aと穴Bのドリル加工が行われることを示したものである．ここで，穴Aと穴BのピッチZが重要な特性であるとする．この場合，保証特性はZであり，技術特性はピッチZを決めるYとXである．

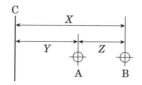

図 18.1 端面基準による穴あけ

前述したように,計測技術やそこから得られる情報の処理技術の発展によって,複雑な形状の計測や物性計測のデジタル化が可能になった昨今,保証特性の獲得は飛躍的に進歩してきた.例えば,部品形状の瞬時の画像処理によって,複雑な形状のパターンが自動検査できる.しかし,その情報が設計部門に必要な技術情報であるか,あるいは,工程改善において有用な情報になるかといえば,そうではない.保証特性と技術特性は必ずしも一致しないからである.

杉山[5]は"端的にいえば,C_p は生産技術上から見た規格に対する満足度,C_{pk} は品質保証上から見た規格に対する満足度と考えてもよいだろう."と述べている."C_p は生産技術上から見た規格に対する満足度"であるとの見解は,生産技術を測る指標としてばらつきを強く意識することから生まれたものだと考えられる.一方,"C_{pk} は品質保証上から見た規格に対する満足度"であるとの見解は,ばらつきに加えて目標値からのバイアスを考慮するといった,より規格値との対応を意識することから生まれたものではないかと考えられる.いずれにしても,杉山の指摘は,"生産技術上"と"品質保証上"の用途によって工程能力の使い方/考え方が異なる(二面性を持つ)という上述した内容と共通である.

保証特性と技術特性が異なる実例として,幾何特性の1つである位置度を挙げることができる(仁科[6]).図 18.2 に対象部品であるハウジングと位置度の目標値 (x_0, y_0) を示す.加工基準点を原点とした穴の中心の座標を (x, y) としたとき,位置度 D は

$$D = 2\sqrt{(x-x_0)^2 + (y-y_0)^2}$$

18.3 工程能力情報の活用

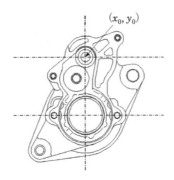

図 **18.2** 対象部品ハウジングと位置度の
目標値（伊崎ら[2]）

と定義される（例えば，桑田[3]）．この場合，保証特性は位置度 D と考えてよい．

ここで，当該部品の加工過程から位置度のばらつき要因を考えてみよう．図 18.3 は加工工程の概略図である．加工工程は 10 ステーションからなるターンテーブル方式のトランスファーラインである．位置度のばらつきの要因として，加工部品の治具へのセッティング，刃具の位置精度，ターンテーブルの停止位置精度などが考えられる．これらの要因は位置度の座標 x 軸と y 軸をつくり込

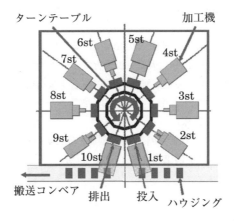

図 **18.3** ハウジングの加工工程の概略図（伊崎ら[2]）

む工程要素である．したがって，工程改善に役立つ技術特性を考えるならば，位置度 D は技術特性として適切ではなく，位置度 D を x 軸方向と y 軸方向に分解した特性を技術特性とすべきである．本事例の場合，x 軸方向の工程能力が乏しく，その原因はターンテーブルの停止位置精度であることが分かった（詳しくは，仁科[6]を参照）．

表 18.1 に本章で述べた工程能力情報の活用における二面性についてまとめておく．

表 18.1　工程能力の二面性（仁科[6]）

	特　性	主に用いられる指標	備　考
製造技術情報	技術特性	工程能力	自工程，あるいは，製造に限らず設計を含めた上流工程への技術情報に資する．
品質保証情報	保証特性	工程能力指数	複数の技術特性を総合した特性となることが多い．試験流動期や初期流動期には管理特性として適さないケースがある．

参　考　文　献

[1] ISO 3534-2：2006　Statistics – Vocabulary and symbols – Part 2: Applied statistics.
[2] 伊崎義則・葛谷和義・仁科健（2002）：工程能力における評価特性の見直し，日本品質管理学会第 32 回年次大会発表要旨集，pp.61-64.
[3] 桑田浩志（1993）：『新しい幾何公差方式』，日本規格協会．
[4] Western Electric Co.（1961）：『統計的品質管理ハンドブック』，住友電気工業（株）訳，住友電気工業（株）．
[5] 杉山哲朗（2014）：工程能力調査，『品質』，Vol.44，pp.12-18.
[6] 仁科健（2009）：『統計的工程管理』，朝倉書店．

第19章　損失関数の解釈

19.1　ことの経緯

ISO/TS 16949[*]の外部監査の際，外部監査員に対象工程の品質マネジメントシステムに関する説明をしていると，突然，"損失関数はいくらか"という質問を受け，とまどうことがある．マニュアルを隅から隅まで読めば書いてある話ではあるが，一般的にはあまり知られていない．

上側規格を S_U，下側規格を S_L，規格の中心を $M=(S_L+S_U)/2$，規格の中心から規格までの距離を $D=M-S_L=S_U-M=(S_U-S_L)/2$ と表す．また，現在の工程平均 μ の規格中心からの偏りを $K=|\mu-M|$，標準偏差を σ，1台当たり客先単価を C_f とする．このとき，損失関数 L（Loss Function）は(19.1)式で表される．

$$L=\frac{C_f(K^2+\sigma^2)}{D^2} \tag{19.1}$$

この"損失関数"は ISO/TS 16949 で定義されているものである．一般的には"外部失敗コスト"であるとの説明がなされているが，実際には"お客様の損失の期待値"である．

品質コストを論じる際には，社内損失金額と社外損失金額とを分けて論じる．後者は外部失敗コストともいわれ，お客様の損失を補償するコストにつながるといわれる．しかし，算出は困難で，(19.1)式のようなシンプルな式で測ることのできる値ではない．損失関数 L は，その概算より製品1台当たりの単価

---

[*]　ISO/TS 16949：2009　品質マネジメントシステム―自動車生産及び関連サービス部品組織の ISO 9001：2008 適用に関する固有要求事項

より小さくなるため，実際の逸失利益とはならない．なぜなら，1件のクレーム処理費用は1台当たりの単価を大幅に上回るからである．また，一度リコールを発生させればブランドイメージを損なうことから，その損失は更に甚大となる．

実は，この"損失関数 L"は，一種の工程能力を測る指標なのである．上記の一般的な説明とは大いに異なる．

生産ラインでは，社内損失としては"規格から外れたものが廃却となり損失が発生する"という考え方が一般的である．これは生産者側の論理である．逆に，規格内であればOKと確信でき，これらに関する社内損失は0とすることができる．

しかし，規格内であればどんな状態でもOKかというと，そうではない．例えば，検査で落とすという考え方で，正規分布の両端が切り落とされたような分布を持つ工程は，不良流出というリスクを背負っている．そのために，工程能力指数 C_p, C_{pk} という指標がある．

このように，規格内であっても存在する内部リスクを，工程能力指数 C_p, C_{pk} は生産者側の視点から，損失関数 L はお客様側の視点から指標化したものである．

また，一部には，C_{pk} の逆数が"損失関数 L"だと思われているフシもあるが，それは正しくないので，後ほど両者を比較してみる．

19.2 損失関数 L の導出

まず，ISO/TS16949の損失関数 L がどのように導出されているのか紐解いてみる．

お客様の立場で，お客様が手にする製品の"損失"はどう評価したらよいのだろうか．生産者が，規格中心に対してある規格幅を持つ製品を製造して販売したとき，その1個を買うお客様側から見れば"規格内なら当たり・規格外は外れ"という0か1の値ではなく，"連続的な落胆度の期待値"で考えるのが

19.2 損失関数Lの導出

適切である.

そのときの"落胆度＝損失"の大きさは,規格の中心では0,規格を外れる箇所で1と仮定する(規格をもっと外れるところでは1より大きくなる).金額は後からかければよい.では,その中間の落胆度はどうなるかというと,規格中心からの"乖離"につれて大きくなる"あり得なさ"に応じて落胆度が増えると考える.あり得ないものをつかまされるのはそれだけショックが大きいからである.ここではそれを2次関数で表す.つまり,2乗のペナルティを与えるのである.

すなわち,お客様の被る損失は中心からの"乖離"につれて大きくなる"あり得なさ"の2乗に比例することになる.そこで,規格を外れる箇所をDに置き換え,係数は,仮定に従って$x=D$のとき$g(x)=1$になるようにする.つまり,お客様の被る損失のスコア関数$g(x)$は,(19.2)式のようになる.

$$g(x) = \frac{x^2}{D^2} \tag{19.2}$$

この$g(x)$が,お客様の受け取る製品の,規格中心からの乖離xに対する損失である.多くの場合,中心からの乖離につれて大きくなる"あり得なさ"は,このような2次関数で近似される.

いま,製品特性をyと表し,その平均(期待値)をμ,分散をσ^2とする.(19.2)式で用いたxは$x=y-M$と表すことができる.すなわち,(19.2)式は(19.3)式のように表すことができる.

$$g(x) = \frac{(y-M)^2}{D^2} \tag{19.3}$$

次に,お客様の損失の期待値として,スコア関数$g(x)$の期待値を求める.$E(y)=\mu$,$\sigma^2=V(y)=E\{(y-\mu)^2\}$に注意すると,期待値は(19.4)式のようになる.

$$E[g(x)] = E\left\{\frac{(y-M)^2}{D^2}\right\}$$

$$= \frac{1}{D^2} E\{(y - \mu + \mu - M)^2\}$$

$$= \frac{1}{D^2} [E\{(y - \mu)^2\} + (\mu - M)^2 + 2(\mu - M)E(y - \mu)]$$

$$= \frac{1}{D^2} [E\{(y - \mu)^2\} + (\mu - M)^2]$$

$$= \frac{1}{D^2} (\sigma^2 + K)^2 \tag{19.4}$$

上式に正味の金額 C_f をかければ,お客様の損失の期待値として,(19.1)式に示した損失関数 L が導出される.

19.3　損失関数 L と工程能力指数 C_{pk} 及び C_{pm} との関係

次に,生産者側から見た品質リスクの指標 C_{pk} と比較してみたい.C_{pk} の定義式は(19.5)式の通りである.

$$C_{pk} = \min\left\{\frac{\mu - S_L}{3\sigma}, \frac{S_U - \mu}{3\sigma}\right\} = \frac{D - K}{3\sigma} \tag{19.5}$$

例として,$D=6$ とし,K と σ はそれぞれ 0〜2 の範囲で乱数を発生させて与え,C_{pk} と L との関係を見てみる.C_f は 100 円とした.横軸に C_{pk},縦軸に

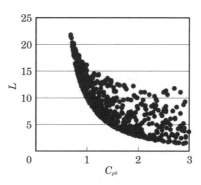

図 19.1　C_{pk} と L との関係

L を取って散布図を書くと図 19.1 のようになる.

　図 19.1 を見て分かるように，反比例（逆数）に近い関係になるが，厳密な曲線関係ではなくばらついており，損失関数 L のほうが大き目になっている．19.1 節の最後に"一部には，C_{pk} の逆数が'損失関数 L'だと思われているフシもある"と述べたが，C_{pk} も，σ と K の両方を勘案しているにもかかわらず，図 19.1 は，そのような関係が正確には成り立たないことを示している．

　あまり用いられていることはないが，C_p や C_{pk} の他に "目標値を考慮した工程能力指数 C_{pm}" がある．それは（19.6)式のように定義されている．

$$C_{pm} = \frac{S_U - S_L}{6\sqrt{(\mu-T)^2 + \sigma^2}} = \frac{D}{3\sqrt{(\mu-T)^2 + \sigma^2}} \qquad (19.6)$$

ここで，分母にある T は，目標値（Target value）であり，母平均 μ をこの値に設定したいという値である．ここで，$T=M$ とおくと，(19.6)式は，(19.7)式のように表すことができる．

$$C_{pm} = \frac{D}{3\sqrt{(\mu-M)^2 + \sigma^2}} = \frac{D}{3\sqrt{K^2 + \sigma^2}} \qquad (19.7)$$

これと，(19.1)式の損失関数とを見比べると，

$$L = \frac{C_f(K^2 + \sigma^2)}{D^2} = \frac{C_f}{9C_{pm}^2} \qquad (19.8)$$

となる．すなわち，損失関数 L は工程能力指数 C_{pm} の逆数の 2 乗に比例する．なお，工程能力指数 C_{pm} の詳細に関しては，永田・棟近[1]や廣野・永田[2]を参照されたい．

19.4　監査時の対応方法

　工程能力指数も損失関数 L も，工程能力を評価する指標である．もし，最初の質問を受けたとき，ISO/TS の監査員が "損失関数 L" をどれだけ理解しているかにもよるだろうが，当社は "工程能力指数で管理している" と言い切ればいいのではないだろうか．

一方，ISO/TS 16949におけるマネジメントレビューでは"品質不良コストの評価"が必要で，マニュアルには，それが損失関数Lに相当すると書いてある．しかし，損失関数Lは，ここで紐解いたように工程能力指数C_{pm}の逆数の2乗に比例することから工程能力の指標であることに疑義を挟む余地はなく，外部失敗コストではない．それゆえ，内部の評価にしかなり得ない．

もし品質コストを評価するのであれば，社内損失金額，社外損失金額の正味の値を指標とすべきである．

参 考 文 献

[1] 永田靖，棟近雅彦 (2011)：『工程能力指数』，日本規格協会．
[2] 廣野元久，永田靖 (2013)：『アンスコム的な数値例で学ぶ統計的方法23講』，日科技連出版社．

第 20 章　MT システムの性質と注意点

田口玄一博士が開発した MT システムは，タグチ流多変量解析法として普及している．一方，MT システムの各手法の性質について十分な理解がないまま使用されていることが散見される．本章では，永田[5]に基づき，MT システムの各手法の諸性質と注意点について要点を述べる．詳細は，永田[5]やそこで紹介されている文献を参照されたい．

20.1　M T 法

MT 法は，単位空間のデータより求めたマハラノビスの距離に基づいて，異常判定を行う手法である．多変量解析法の手法の1つである判別分析では2つの母集団（群）を想定して判別を行うのに対して，MT 法では正常群を単位空間として1つの均質な群として扱い，そこからのずれの大きさをマハラノ

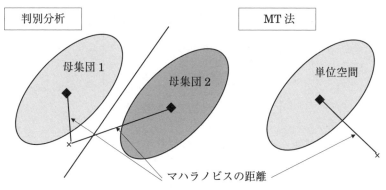

図 20.1　判別分析と MT 法との違い

ビスの距離で測定する．異常にはいろいろなパターンがあるので，異常群として1つの母集団にまとめることには無理があるという考え方に基づいている．これらの違いを示すイメージ図を図 20.1 に示す．また，MT 法が有効となるパターンを図 20.2 に示す．

図 20.2 MT 法が有効となるパターン

p 項目について n 個の観測値が得られているとする．マハラノビスの距離の2乗が自由度 p のカイ2乗分布に近似的に従うとして異常判定のための閾値を定める．新たなデータに対して計算したマハラノビスの距離の2乗の期待値と自由度 p のカイ2乗分布の期待値（p に等しい）との差を予測バイアス（偏り）と定義するとき，n が p より十分大きくないなら，大きな予測バイアスが存在する（宮川・永田[6]を参照）．予測バイアスの一例を表 20.1 に示す．

予測バイアスが大きいと，新たなデータが単位空間に属していても，マハラノビスの距離が大きな値となり，異常と判定される傾向が強まる．この場合には，バイアス調整などが必要になる．

表 20.1 予測バイアス

n	p	予測バイアス
100	10	1.5
100	30	14.6
100	50	55.2
100	70	182.5
100	90	1 046.3

20.2 MTA法

相関行列 R の逆行列が存在しないときに用いる手法として MTA 法が提案されている．これは，マハラノビスの距離の計算において R の逆行列を R の余因子行列で置き換える手法である．

宮川・永田[6]は次の性質を示した．

① R の逆行列が存在する場合，MTA 法のマハラノビスの距離の 2 乗は MT 法のマハラノビスの距離の 2 乗の定数倍となる．

② R のランクが 1 だけ落ちる場合，MTA 法のマハラノビスの距離の 2 乗は単位空間における項目間の線形関係式の 2 乗の定数倍となる．単位空間外で線形関係式が成り立たないなら MTA 法は有効だが，単位空間外でも線形関係式が成り立つなら判別できなくなる．また，MTA 法では，他の相関情報を無視している．

③ ランクが 2 以上落ちると MTA 法のマハラノビスの距離の 2 乗は，単位空間の内外を問わず常にゼロになるので，MTA 法は機能しない．

そこで，宮川・永田[6]では，ムーア・ペンローズの一般逆行列を用いた距離（第 1 種の距離）と固有値ゼロに対応する部分を集めた距離（第 2 種の距離）を提案している．固有値の小さい方向で異常があるときは，変数間の関係，工程の構造が変化していることが多い．

20.3 RT法

RT 法は，多項目を 2 項目に縮約する方法である．

全項目が同一単位のデータに対する解析方法として提案されている．RT 法では，有効除数 r を各項目の平均の 2 乗和として求めるので，項目間で単位が異なると，この計算に意味がなくなるからである．それにもかかわらず，単位の問題に配慮せずに適用されている事例が散見されるので注意を要する．また，大久保・永田[2]は，単位がそろっている／いないにかかわらず，他の項目より

も非常に大きな絶対値をとる項目が存在するとその項目により判定結果がほぼ決まってしまうこと，また，他の項目に比べ微小な値しかとらない項目が存在する場合にはその項目は解析結果にほとんど寄与しなくなることを数理的に示している．

そこで，大久保・永田[2]は，単位の問題を解消するために主成分分析に基づく方法など，いくつかの方法を提案し，性能を比較している．なお，単位の問題を解消するために，通常の標準化（各変数の平均を0，分散を1にする変換）を行っても，RT法は機能しないことに注意する必要がある．それは，通常の標準化を行うと，統計量を求める過程において有効除数rがゼロになってしまうからである．

永田・土居[4]は，単位空間の中心位置でRT法の距離が正の値をとり，中心より少し離れたところで最小値ゼロをとるという性質を示した．これは，新たなデータを判定する際，ミスリーディングとなる可能性を示唆する．そこで，永田・土居[4]は単位空間の中心位置で距離がゼロとなる2種類の改良方法を提案し，議論している．特に，RT法で縮約する2変数の重みが異なることに注意して，自由度を用いた調整が有用であることを示している．

20.4　T 法

T法は，重回帰分析と同様に予測を目的とした手法として活用されている．
T法と重回帰分析との違いとして，次の4点が強調されることがある．

① 重回帰分析では評価指標として重相関係数や寄与率が用いられるが，T法では総合推定のSN比が用いられる．
② 重回帰分析では取り入れる変数により他の変数の偏回帰係数が影響を受け，符号まで変化することがあるが，T法ではそのようなことはない．
③ 重回帰分析では多重共線性を避けるため変数を絞り込む必要があるが，T法では多重共線性への配慮は必要なく，全ての項目を取り入れることができる．

20.4 T法

④ T法では項目間に強い相関があると性能が落ちる.

これらの点について,次のような注釈を述べておきたい.

①については,"重相関係数や寄与率"と"総合推定のSN比"とは見た目は異なるが,片方が他方の単調増加関数となっており,数学的な意味合いは同じである.

②と③については,重回帰分析では変数間の相関関係を適切に考慮しているからこそ生じることがらである.一方,T法では,相関が高い項目があると,それを過剰に考慮するという難点がある.

④については,後述するように,T法と重回帰分析では背後に想定するモデルが異なる.T法で想定したモデルのもとでは,項目間に相関があってもT法は良い性能を示す.

田口[3]には次の記述がある."一つひとつの項目では比例式 $x = \beta M$ を求めて,$M_1, M_2, \cdots, M_l$ の推定を次式で行う.$M_i = x/\beta$ それを総合している.はかりでいろいろな質量を総合するのと同じである." これは,次のように解釈できる.p 個のはかり(p 個の項目)が存在し,l 種類の重り(信号)を用意する.i 番目の重りの真値を M_i とし,それを j 番目のはかりで測るときの測定値を X_{ij} とおくとき,

$$X_{ij} = \beta_j M_i + \varepsilon_{ij}, \quad \varepsilon_{ij} \sim N(0, \sigma_j^2)$$
$$(i = 1, 2, \cdots, l \,;\, j = 1, 2, \cdots, p) \qquad (20.1)$$

というモデルを考えることができる.(20.1)式のモデルのもとで,最小2乗法によりT法で計算される統計量が得られる.なお,(20.1)式のもとでは項目間に必然的に相関が生じることに注意する.

一方,重回帰分析では,一般に次のようなモデルを想定する.

$$M_i = \alpha_0 + \alpha_1 X_{i1} + \alpha_2 X_{i2} + \cdots + \alpha_p X_{ip} + \varepsilon_i, \quad \varepsilon_i \sim N(0, \sigma^2)$$
$$(i = 1, 2, \cdots, l) \qquad (20.2)$$

(20.1)式と (20.2)式のイメージ図を図 20.3 に示す.(20.1)式と (20.2)式

図 20.3 T 法のモデルのイメージ図（左）と
重回帰モデルのイメージ図（右）

では，項目と出力の因果の関係が逆になっている．したがって，本来は，T 法と重回帰分析とは適用する場面が異なるはずである．しかし，どちらの手法を用いても，信号 M を予測できるから，背後にあるモデルの違いには配慮されずに，重回帰分析と同じデータ形式に対しても T 法が用いられてきたのであろう．

T 法において注意すべきは次の点である．単位空間を選択する場合，出力値がおおむね中央にあるデータを単位空間のサンプルとして選ぶことになる．しかし，出力値が中央にあっても，そのサンプルの全ての項目値が中央にあるとは限らない．このような単位空間に基づいて規準化を行うと，規準化前は原点を通る単回帰式が当てはまっているにもかかわらず，規準化後には原点を通る単回帰式の当てはまりが不適切になり，規準化により SN 比を下げてしまうことになりかねない．

そこで，稲生ら[1]は，2 つの改良手法 "全データの平均で規準化する方法 (Ta 法)" と "項目ごとに規準化する最適サンプルを選ぶ方法 (Tb 法)" を新たに提案し，T 法よりも Ta 法，Tb 法の予測誤差が小さいことをシミュレーションにより示している．サンプルサイズが項目数に比べて十分大きい場合には重回帰分析が優れているが，サンプルサイズが十分でない場合や (20.1) 式のモデルのもとでは Ta 法や Tb 法の性能が優れていることも報告している．

20.5 おわりに

MT システムの手法は簡便である．この簡便性は実務的な有用性につながる．

20.5 おわりに

しかし，簡便さの中に隠れた特徴や性質がよく理解されないまま利用されてしまうことが懸念される．一方，RT 法や T 法などには，田口博士による独自のアイディアが含まれている．その本質をより明らかにし，改良できる部分を検討することにより，新しい多変量解析法の手法として有用となることが期待される．

参 考 文 献

[1] 稲生淳紀・永田靖・堀田慶介・森有紗（2012）：タグチの T 法およびその改良手法と重回帰分析の性能比較，『品質』，Vol.42, pp.265-277.
[2] 大久保豪人・永田靖（2012）：タグチの RT 法における同一次元でない連続量データへの適用方法，『品質』，Vol.42, pp.248-264.
[3] 田口玄一（2005）：目的機能と基本機能（6），『品質工学』，Vol.13, No.3, pp.5-10.
[4] 永田靖・土居大地（2009）：タグチの RT 法で用いる距離の性質とその改良，『品質』，Vol.39, pp.364-375.
[5] 永田靖（2013）：MT システムの諸性質と改良手法，『応用統計学』，Vol.42, pp.93-119.
[6] 宮川雅巳・永田靖（2003）：マハラノビス・タグチ・システムにおける多重共線性対策について，『品質』，Vol.33, pp.467-475.

C. 推進（仕組み・体制）編

第 21 章　開発・設計技術者を支援する
　　　　　仕組み・体制——研修

　第 8 章では，開発・設計技術者に必要な統計的ものの見方・考え方の概要と，それらを習得するためのいくつかの方法について述べた．しかし，本来の開発・設計業務で多忙なスタッフ一人ひとりの自助努力に委ねるだけでは，長続きしない．会社として開発・設計技術者を支援する仕組み・体制が不可欠である．そこで "C. 推進（仕組み・体制）編" として第 21 章以降では，筆者らが所属する企業（トヨタグループ）での SQC 推進活動の紹介を通して，必要な仕組み・体制のポイントについて述べる．ただし，あくまでも一企業の取組み例であるため，各企業で導入する際には取捨選択や自社に合うようにアレンジする必要がある．

　トヨタ自動車(株)（以下，"トヨタ" という）では，TQM 推進部が全社の推進事務局としてさまざまな SQC 推進施策を計画・実施している．いきなり TQM 推進部という組織を設置することが困難な場合は，例えば品質保証部の中の 1 グループとしてスタートすればよい．いずれにしても，社内の推進を計画・実施する専任者が必要である．図 21.1 は SQC 推進活動の目指す姿と基本的フレームワークを示す．SQC 活用の目的は，一人ひとりの問題解決力・仕事の質向上を通した品質・技術力の向上である．そのためには，開発・設計技術者が必要な知識を習得するための研修を計画・実施する必要がある．また 8.3 節で述べたように，知識を習得しただけでは実践活用が保証されないため，活用を促す仕組みを用意することも忘れてはならない．さらに，実践活用することで多くの活用事例が完成するので，その中から多くの人に参考となる事例を集約して "発表会" を開催する．そして，実践活用や発表会で明らかとなった知見や気づきを次の研修に反映させていく．この "研修⇒実践活用⇒発表会"

というサイクルを回し，スパイラルアップさせる活動を継続している．また，このサイクルをベースで支え円滑に回すための推進体制を職場単位で構築している．本章では，牧・小杉[1]が紹介しているトヨタの研修の概要について述べる．

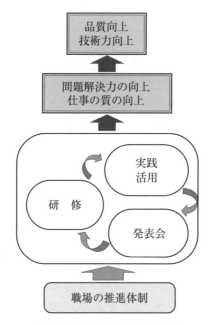

図 21.1　SQC 推進活動の目指す姿と基本的フレームワーク

21.1　研修の概要

トヨタの SQC セミナー体系は 1990 年にその原形ができあがり，その後改善・変更を加え現在に至っている．表 21.1 は現在の SQC セミナー体系を示す．技術者の成長に合わせ，基礎から最上級の 5 つの階層別にコースを整備している．基礎・初級・中級・上級は，手法の知識とその実践活用方法の習得を目的にしている．また最上級は，職場アドバイザーの育成を目的としている．以下，各コースの内容を説明する．

21.1 研修の概要

表 21.1 SQC セミナー体系

基　　礎	SQC ビギナーコース
初　　級	SQC ビジネスコース
中　　級	多変量解析法専門コース　実験計画法専門コース　信頼性専門コース
上　　級	SQC アドバンスコース
最上級	トヨタグループ SQC 研究会
その他専門コース	品質工学基礎コース　応答曲面法コース　感性の評価セミナー

21.1.1 基礎 (SQC ビギナーコース)

SQC ビギナーコースは，入社 2 年目の技術者を対象に 3 日間で実施している．ここで習得する主な手法は，統計的方法の基礎に加え，工程能力と管理図，検定・推定，一元・二元配置，相関・回帰などである．いずれも基礎レベルの手法のため，全ての部署の全技術者必須としている．本コースは，初めてSQC を学ぶコースであることと，計算がそれほど複雑ではないことからパソコンや解析ソフトは使用せず，受講生は電卓を用いて計算する．初めから解析ソフトを使用すると，最終の解析結果のみに着目する傾向が強く，途中の計算過程はブラックボックスとなってしまう．一方，手間はかかるが電卓を用いた計算を行うと，どのような計算をしているのか，解析の内容を知らず知らずのうちに体得できる．こうすることで，将来例えば直交表実験の分散分析を行ったときに，複数ある誤差列の中の一つの列の分散が大きい場合，想定していなかった交互作用の存在を検討するなど，考察の幅が広がる．

第 8 章で述べたように，せっかく研修を受講しても，受講後，半年間使わないとほとんど忘れてしまう．そこで，人事部門が実施する問題解決研修とリンクさせることで，活用を促すようにしている．問題解決研修では，入社 2 年目に職場実習を行う．対象者は上司から自業務に関するテーマを与えられ，問題解決のステップに沿って仕事を進め，半年後にレポートをまとめ職場単位で発表することが義務付けられている．SQC ビギナーコースは，この職場実習が始まる前に実施し，各手法の解説の中でも問題解決のステップとの結び付きを繰り返し伝えている．SQC ビギナーコースを受講した対象者は，習得し

たSQC手法を活用しながら職場実習の現状把握や要因解析・対策立案を実施している．

21.1.2 初級（SQCビジネスコース）

SQCビジネスコースでは，実務の中で特に活用頻度が高い手法を習得する．入社3～4年目の技術者必須で3日間で実施している．ここで習得する主な手法は，実験計画法（直交表），重回帰分析，主成分分析，ワイブル解析などである．初級以上のコースでは，1人1台のパソコンを用意して解析ソフトを使用しながら理解を深めていく．

21.1.3 中級（多変量解析法，実験計画法，信頼性の各専門コース）

中級には3つの専門コースを設置して，各SQC手法をより専門的に応用方法を含めて学んでいく．例えば実験計画法専門コースでは，実験の効率化に有効な分割法，擬水準法，直積法などを習得する．各技術者は，上司と相談しながら自分の業務に特に必要なコースを選択して受講する．なお，中級コースを受講するには基礎・初級を修了していることが受講条件になる．部門によってばらつきはあるが，全技術者の4～5割がいずれかのコースを受講している．

21.1.4 上級（SQCアドバンスコース）

上級のSQCアドバンスコースでは，ロジスティック回帰分析やノンパラメトリック検定など，中級コースまでで履修していない手法の習得と，知見・経験豊富なアドバイザーの指導のもと，職場の重要テーマに取り組むことで実践におけるSQCの適用方法を身につける．中級までの各コースは原則として社内の技術者を対象としているが，上級・最上級コースはトヨタグループの技術者を対象に，グループ各社のSQC推進者も指導的立場で参画している．本コースは，基礎・初級・中級を修了していることを受講条件として，2014年度は6月から翌年2月までの間で8日間かけて実施した．

テーマ活動は，アドバイザーから数回の指導を受けながら問題解決を進める

ものである．取り組みは報文にまとめ，発表を実施する．テーマ活動は，約6〜7名の受講生と1名のアドバイザーで構成されるグループ単位で実施している．受講生が自分のテーマの進捗について報告した際のアドバイスは，アドバイザーだけでなく報告者以外の受講生も行うことが特徴である．これは，将来各職場でのSQC活用のアドバイザーとなり得ることを想定しているためであり，報告者以外の受講生は，ただ聴くのではなくアドバイザーとともに質問・発言し積極的に関わる．

上級以上のコースを修了した技術者は"SQC専門スタッフ"となり，自職場の技術者からのSQC活用に関する相談に，TQM推進部と連携しながらアドバイスをしている．現在は，平均すると各部に数名（各室1名程度）のSQC専門スタッフを擁している．

21.1.5 最上級（トヨタグループSQC研究会）

最上級のトヨタグループSQC研究会は，各職場でのSQC活用のアドバイザーを育成することを目的に，1967年に"オールトヨタSQC研修会"の名称で発足した．その後，SQCセミナー体系の最上級コースとしての位置付けを明確化するとともに，"トヨタグループSQC研究会"と改称し，現在に至っている．

研究会では，トヨタグループの品質・仕事の質の向上に貢献することを目的に，SQCに精通したスタッフが集い，SQCの実践研究を行っている．

2014年度は，業務分野別に3グループ（事務管理，開発設計，生準生産）に分かれて活動を実施した．各グループは，主査1名・副査4名程度・研究生20名程度で構成されている．研究会は毎月1回（1日）開催され，会場はトヨタグループ各社持ち回りとしている．研究生はいずれかのグループに2年間所属して研究活動を行う．研究活動の継続性確保と指導力養成のため，研究生は半数が1年生，残りの半数が2年生となるよう配慮している．活動内容としては，個人テーマ研究とグループ研究が中心であるが，グループ研究では新たなSQC手法の活用研究を行っている．研究会の活動成果は，実務に活

用しやすいハンドブック形式にまとめられ，トヨタグループ内に公開され，各社の教育や実践活動などで有効に活用されている．個人テーマ研究とグループ研究以外にも，異業種交流や会場会社の工場見学など，研究グループの特徴・ニーズを反映した独自の企画も主査を中心に計画・実施している．

21.1.6　その他専門コース

基礎〜最上級のコースには含まれないコースも，いくつか実施している．実験計画法専門コースを修了した技術者を対象に，さまざまな実験ニーズに対応するための"応答曲面法コース"や，ロバスト設計をする際の有効な考え方・進め方を学ぶ"品質工学基礎コース"をそれぞれ2日間で実施している．また，感性を扱う技術者を対象とした"感性の評価セミナー"も用意している．

以上の各コースを，2014年度は延べ153日間実施し，合わせて2264名が受講した．講師は，中級までの各コースはTQM推進部のスタッフが，上級・最上級コースはTQM推進部のスタッフに加えトヨタグループ各社のSQC推進者が担当している．いずれのコースでも，出席必要日数と最後に実施する理解度確認の基準を満たした場合に修了認定する．修了認定者は，本人の研修受講歴としてSQCセミナー以外の研修とともに人事情報の1つとして登録される．

21.2　これから研修を始める際のポイント

前節で述べたことは，50年近くSQC推進活動を継続してきた結果であるので，もしこれから始めようとする場合は，息の長い長期計画を立案して一歩ずつ進めていく必要がある．初めは外部研修をうまく活用し，3年先には基礎コース相当を自前でできるよう目指すとよい．また，すべてを自前で実施するのではなく，初級までの内製化を目指し，中級以上は外部研修に委ねるといった割り切りも必要である．自前のコースでも初めは外部の講師に講義をお願い

し，徐々に社内の講師が担当するようにしていけばよい．SQC推進活動を継続していくと，徐々に好事例が生まれてくる．そこで社内研修では，SQC手法の知識習得に加え，これらの事例紹介をカリキュラムに入れると，受講生の理解も更に深まる．事例の担当者本人からSQC手法活用の工夫や苦労，失敗を聴くことで，活用イメージが向上する．

参 考 文 献

[1]　牧喜代司・小杉敬彦（2009）：トヨタ自動車におけるSQC実践活用拡大への取り組み，『品質』，Vol.39, pp.25-31.

第 22 章　応答曲面法セミナーの開講

　トヨタでは，SQC を問題解決の有効なツールとして位置付け，積極的に活用している．例えば，実験計画法（要因配置実験・直交表実験）の研修を 40 年以上継続的に実施し，社内に幅広く浸透させて，仕事の質向上に活かしている．しかし，近年，設計者を中心に従来の実験計画法よりも効率的で適用範囲が広い応答曲面法のニーズが急速に高まり，2004 年に社内応答曲面法セミナーを開講した．本章ではセミナー立ち上げから内容の充実化などの発展過程を紹介する．

22.1　事前研究からセミナー立ち上げまで

22.1.1　SQC 研究会での研究

　まず，応答曲面法セミナーを立ち上げるにあたり，事前研究活動を紹介する．トヨタでは SQC に精通した社内スタッフが集い，新しい SQC 手法や社内での認識は低いが世間では有効に活用されている手法や考え方を取り上げ，社内での活用方法を研究している．特に近年は，製品の高精度化や技術の高度化といったニーズを受け，品質工学や共分散構造分析，応答曲面法といった手法に対する活用ニーズが社内で増大している．こうした技術ニーズに対応した新たな SQC 手法を WG（ワーキンググループ）単位で研究する．

　応答曲面法 WG は 2001 年に発足し，3 年間活動を実施した．応答曲面法が業務に対して有益なものか，もしくは有益なエッセンスはないかといった視点で，導入の是非を判断することが大きな使命であった．活動は WG 内だけにとどまらず，大学の先生・社外有識者のアドバイスを得ながら進めた．その結

果，応答曲面法の有効性を確認することができ，社内セミナーへの導入を決定した．

活動成果として小冊子『応答曲面法による多特性の同時最適化 Ver1.0』を発刊した．80ページ程度のコンパクトな冊子であるが，従来の実験計画法との比較，応答曲面法の考え方，適用場面，実践的な演習問題など分かりやすくまとまっている実践的な解説書である．この冊子は，社内SQC相談・支援において応答曲面法に関する相談者に参考配布するなど，セミナー立ち上げまでの解説書として大きな役割を果たした．

22.1.2 セミナー開講

第1回セミナーは2004年に開講した．テキストは前述の小冊子をベースに新しく作成し，更に解析ソフトの準備，社内講師育成などすべて自前で行った．参加募集については，社内での応答曲面法の認知度が高くない中，案内に"実験計画法の発展版""多特性の同時最適化""実験水準以外の選択""従来実験計画法より少ない実験回数"など受講生のニーズに応えるポイントを訴求することで，およそ50人の受講があった．日程は2日間であり，カリキュラムは表22.1のとおりであった．

表22.1に示すように，実験の計画は"中心複合計画"のみを扱った．これは当初，中心複合計画＋応答曲面解析の研究を中心に行ったこと，また，中心

表22.1　第1回カリキュラム（2004年）

		単元	時間（分）
1日目	1	従来法の復習	90
	2	概論	90
	3	中心複合計画	60
	4	応答曲面解析	150
2日目	5	多特性の同時最適化	120
	6	総合演習	150
	7	理解度テスト	120

複合計画は手計算で計画作成が可能であるということが大きな理由である．したがって，総合演習に関しても中心複合計画を作成することに比重を置いた．なお，解析ソフトについては，当社における社内SQCセミナー（実験計画法，多変量解析法，官能評価，信頼性データ解析）では内製開発した統計解析ソフトT-POS（Toyota TQM Promotional Original Soft）を使用することが多いが，応答曲面法に関しては開発に膨大な費用・時間を要することから，市販ソフトを使用した．

22.2 実践的なカリキュラムへの進化

22.2.1 D-最適計画の採用

　翌年の第2回セミナーも第1回目と同一カリキュラムで実施した．第1・2回のアンケート結果は多特性の同時最適化，中間水準の選択といった応答曲面法の特徴である柔軟性に対して好評な意見が多かった．12.3節で紹介した鋳造における"アルミニウム"の加速度（望小）と速度（望大）の2特性同時最適化は，演習問題として活用している．図12.3の最適化グラフは，5つの説明変数を各々変更したときの2特性の挙動が見える化でき（交互作用については変数選択画面より取り込まれた交互作用を考慮する必要がある），固有技術の観点と合わせて結果を考察できる．また，図12.4は規格に設定した条件を予測平均値が満足する範囲を塗りつぶしており，こちらについても良品範囲の見える化が可能である．これらは従来ソフトにない機能で，受講生に大変好評であった．

　その一方，実務では材料A, Bや形状1, 2などの"質的因子"を実験に取り上げることもあり，"質的因子を扱いたい"という意見も多く寄せられた．確かに量的変数しか扱えない中心複合計画では実務で適用できない場面が容易に想像できる．また，これも中心複合計画の欠点であるが，"因子数が多くなると実験回数が膨大となる""2次以上の高次項を考慮したい"などの意見も散見された．これは事前研究の時点で予想されていたことでもあったため，その対

策として D-最適計画を研究するための WG を 2004 年に立ち上げていた．活動期間は 2 年間であった．D-最適計画は中心複合計画と比較すると格段に難易度が上がり，大学の先生との相談会も密に実施した．その結果，研究成果として小冊子『応答曲面法による多特性の同時最適化 D-最適計画版』を完成することができた．参考までに表 22.2 に中心複合計画と D-最適計画の主な違いを示す．

表 22.2 応答曲面法の計画の特徴比較

	D-最適計画	中心複合計画
モデル	多項式モデル (JUSE-StatWorksV4.8 は 10 次まで)	2 次モデル
因子の種類	量的＋質的	量的のみ
領域の制約 (実験領域・混合比等)	可能	不可能
StatWorksV4.8 で 扱える因子数	量的＋質的 ≤ 20	量的 ≤ 6
既存実験への追加	可能	不可能
実験回数の制約	任意 (求めたい係数 β の数 +1 以上)	因子数で決まる (中心点の繰り返しは任意)
留意点	想定したモデルが正しいときのみ最適な計画	直交計画では実験しにくい水準値の場合がある

その後，D-最適計画は第 3 回セミナーに導入した．募集案内にも D-最適計画の特徴である"質的変数を扱える"に加え，"従来実験計画法や中心複合計画より少ない実験回数"などを追加した．また，第 1・2 回目のセミナー結果が大変好評であったことから，実務での活用頻度向上やセミナー受講人数の増加が見込まれたため，解析ソフトの本格導入を行うことにした．導入する解析ソフトは，各種ソフトの手法・コスト・サービスなどを総合的に判断した結果，(株) 日本科学技術研修所の JUSE-StatWorks を導入することに決定した．

JUSE-StatWorks を第 3 回セミナーより導入したことで，第 1・2 回で実施していた手計算による中心複合計画の演習を大幅に短縮でき，その時間を D-最適計画の講義に割り当てることができた．この D-最適計画の登場によって，

22.2 実践的なカリキュラムへの進化

よりいっそう社内での活用が活発となり，当部（TQM推進部）への相談件数も飛躍的に多くなった．しかし，問題点もあり，D-最適計画の最大の注意点である"想定モデル"の構築について，テキストや講義で確固たる固有技術から構築することを説明しているにもかかわらず，その点よりもむしろ"D-最適計画を使えば少ない実験回数で目的が達成できる"という誤解が広がってしまった．

22.2.2 実践活用重視への改訂

その後，第4・5回セミナーは第3回と同一カリキュラムで実施した．ただし，テキスト内容は活用重視に切り替えた．これはD-最適計画の解析ロジックでは計画行列Xなど行列を多用するため，難易度が高く受講生には不評であったためである．理論より実践活用での注意点を重点的に説明する内容に大幅に改訂することで，応答曲面法に対する敷居が下がったが，先に述べたように"実験回数が少ないから"という理由でD-最適計画を使用するケースがあいかわらず散見された．現在，この問題は若干改善されたが，今なお，大きな課題の1つである．

22.2.3 出前セミナーによる普及

応答曲面法セミナーのみでは年間の受講人数も限られるため，更なる社内普及を目指して出前セミナーを行った．これは応答曲面法の有効活用が期待できる部署に出向いて2時間程度で特徴やポイントを中心に講義を出前形式で行うものである．興味を持った参加者は後日，当部に連絡することで，実践テーマでの活用・支援を開始する．この出前セミナーも好評であり，応答曲面法の社内普及は着実に広まっていった．

その論拠の1つに，年1回開催される各領域（技術・生技・工場・事務など）のSQC優秀事例が集う全社SQC発表会において，応答曲面法を活用した事例が毎年発表されている．各領域から選抜された事例で発表されていることは，予選会や未エントリー分を含めると更に多くのテーマで活用されている

と容易に想像できる．

22.3 更なる発展に向けて

22.3.1 2水準系計画と計画の拡張

第1回からの応答曲面法セミナーのカリキュラム変遷を図22.1に示す．第6回以降も更なる活用範囲・適用領域拡大に向けて新しいカリキュラムを取り入れている．まず2009年の第6回セミナーでは新しく"プラケット・バーマン計画"と"計画の拡張"を採用した．

"プラケット・バーマン計画"は，通常スクリーニングで使用される2水準系の計画である．つまり多くの因子の中から効果が大きい因子を特定することを目的とする．応答曲面法の専門家から見れば，第1回目に採用するべき初歩的な計画ではないかと指摘されそうであるが，当初，応答曲面解析は2次関数に着目した（つまり3水準）多特性の同時最適化をメインで研究していたこと，並びに既存データの重回帰分析，固有技術による因子の絞り込みなどで，プラケット・バーマンのニーズが特にないであろうと考えたことが，第6回目まで導入が見送られた理由である．

また，"計画の拡張"の導入については前述したようにD-最適計画は最初に

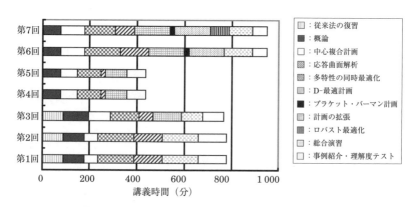

図 22.1 応答曲面法セミナーのカリキュラム変遷

22.3 更なる発展に向けて

想定したモデルに実験成功の可否が大きく依存する．事実，想定モデルを誤り，解析で得られた最適値と確認実験値が大きく乖離することも珍しくない．このとき，解析結果のLOF（Lack of Fit），残差の方向及び技術的考察により，想定モデルに取り入れていない項（交互作用項や高次項）の効果を確認する必要があるが，そのための実験点を"計画の拡張"で追加する．拡張の次数はD-最適計画を使用した場合，10次の項まで取り込むことが可能であるが，現実には，想定モデルに2次項や1次項×1次項を取り込まないために，最適解が再現しないことが多く，それ以上の次数で計画の拡張を使用することはあまりない．やはりここでも実験回数を少なくしたいがために，必要な項を落として実験したことが再現性を得られない原因の1つとなっている．

22.3.2 ばらつきへの対応

市場における様々なノイズに対して強いこと，いわゆるロバスト性の確保は応答曲面解析においても当然必要となる．多少の水準変動で特性が大きく変化する"ピンポイント条件"は回避しなければならない．主にロバスト設計で使用される L_{18} 直交表は当社でも品質工学セミナー受講者を中心に活用されている．動特性で L_{18} 直交表，入力3水準，誤差因子2水準の場合，実験回数は108回となるが，再現性確認で利得が再現しないことは珍しくない．このような場合，第11章で述べたように"計画の拡張"の有効利用を提案する．これは，固有技術などで考えられる交互作用項について計画を拡張し，その効果を調べることである．この方法であれば，基本機能を考え直したり，交互作用を避けるために水準幅を変更したりして，再度108回実験を行うよりも設計者・解析者に受け入れられやすい．

次に，最初から応答曲面法を使う場合では，"ロバスト最適化"を使用することもある（ノイズを考慮しない場合）．"ロバスト最適化"は主にコンピュータ実験を対象にした設計パラメータの変動に対してロバストな最適値を求める分析機能である．各実験点においてパラメータの値を微小に変化させた摂動点を求め，各摂動点での特性値のレンジ（最大値−最小値）である特性値変動を

計算し，この変動が小さければロバスト条件であると判断する．つまり，"特性値の平均"と"特性値変動"の2つを同時最適化してロバスト性を確保することになる（犬伏ら[1]，吉野・仁科[2]）．

なお，ロバスト最適化で扱う"特性値の平均"と"特性値変動"の代わりに品質工学でよく用いられる"SN比"と"感度"を応答曲面解析で同時最適化してもよさそうであるが，Myers[3]らが述べるように，SN比はその定義式より"ばらつきの情報"と"平均値の情報"両方が含まれている．そのため両者を分解し，ばらつきについては対数変換をした $\ln \sigma$ を，感度（もしくは特性値の平均）とともに同時最適化することが望ましいと考える．

以上のように，本章ではロバスト設計と応答曲面法の融合について紹介した．なお，両者の使い分けについては第25章を参照されたい．

参考文献

[1] 犬伏秀生・冨田真理子・吉野睦（2009）：ロバスト最適化ツールの開発，JSQC第89回研究発表会要旨集，pp.121-124.
[2] 吉野睦・仁科健（2004）：SQCとデジタル・エンジニアリング―設計パラメータ最適化の技術動向と今日的課題，『品質』，Vol.34，pp.221-227.
[3] Myers, R.H., Montgomery, D.C. and Anderson-Cook, C.M. (1995): *Response Surface Methodology: Process and Product Optimization Using Designed Experiments*, Wiley.

第 23 章　データサイエンス教育の創設

23.1　はじめに

　従来の SQC が扱う手法の基本は頻度論である．まずは取り組むべき課題や事象がある．そして，その課題や事象に影響があると思われる要因を特性要因図や要因系統図を使って抽出し，モデルの仮説を設定する．次に実験で要因の水準を振ることによってその影響を観測できるようにし，偶然誤差からの逸脱度を検定して仮説を吟味する．このような分析方法は，課題や事象の存在が前提となることから，ここではこれをイベント・ドリブン分析と呼ぶことにする．

　近年，工業の分野でも大規模・高次元データを取り扱うようになってきた．実験室ではデータロガーを使用することによって大量のデータが容易に記録できる．工程では製品が全数検査され，そのデータは背番号管理されている．また市場では製品に内蔵されたダイアグ記録装置によって稼働状況が記録されている．今日，これらのデータが全て利用可能な状態にある．

　ところが，これらのデータを利用しようとしたときに，従来の SQC で扱っている手法では歯が立たないという状況が発生してきた．例えば，工程内検査データの分析に関しては，安定操業しているときの特性データは全て偶然誤差（群内変動）の範囲内であるため主成分分析やクラスター分析など要約手法を用いてもダンゴ状の結果しか得られない．また，モデルの仮説を置いて説明しようとすると，データ数が膨大ゆえに高い検出力（$1-\beta$）を持ち，どんな仮説検定でも有意になってしまう．そのため，新たな分析手法が必要となってきた．

　デンソーでは，このようなパラダイムシフトに対峙する場面で，イベント・

ドリブン分析であるSQCと新たな分析手法であるデータサイエンスを融合した新たな教育を立ち上げたので，その内容を紹介する．

23.2 パラダイムシフトの詳細とその対応

技術者が扱う収集データの特徴は，例えば実験室で製品の振動を測定したデータでは，何万個という大規模データとなっていることであり，工程内検査データでは，検査項目が数百という高次元データになっていることである．

23.2.1 データ・ドリブンであること

第1の留意点は，これらの分析では仮説検証（仮説検定）を行わないということである．仮説が持てないというのではない．技術者はいくらでも仮説を持っている．しかし多重比較であることを考慮して検定しても，検出力の高さゆえ，意味のない対立仮説を採択する恐れが大きい．そのため仮説検定を避けたいのである．Hを仮説（モデル），Oを観測とすると，イベント・ドリブン分析の場合には，Hを与えたときにOにより検証するという構造（O|H）になる．一方，データ・ドリブン分析ではOが得られたときにそれを最もよく説明できるモデルHを探索するという構造（H|O）になる．すなわち，データ・ドリブン分析では，モデル自体の良し悪しを決めるというアプローチが取られる（例えばSober[1]）．

第2の留意点は，P値に基づく判断ができないということである．大規模データは検出力が極めて大きいため，今あるデータ（訓練用データ）を説明するモデルをP値で決めると，極めて精緻なモデルが構築できてしまう．これを過学習という．しかし，そのモデルに未知のクエリ（問合せ要求）を代入すると，とんでもなく予測が外れることがある．図23.1はその様子を概念的に示したものである．グラフの横軸はモデルの精緻さ，縦軸は予測誤差である．今ある訓練用データにフィットするモデルは，それが精緻になればなるほど訓練用データに基づく予測誤差は小さくなる．これを実線で示す．このモデルに，

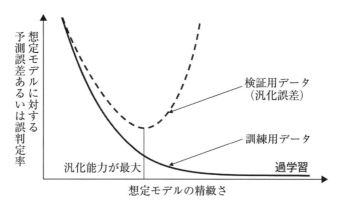

図 23.1 汎化誤差に関する概念的説明

訓練用データとは別の検証用データを代入したときの予測誤差を破線で示す．このときの予測誤差は，いったんはモデルの精緻さに従って小さくなるが，モデルの精緻さがある点を越えると，過学習が原因となり逆に大きくなっていく．これを汎化誤差という．

　汎化誤差を小さくする，すなわち汎化能力を高めるには，汎化誤差が悪化する手前で学習をストップさせる必要がある．そこで P 値に代わるストッピングルールとして AIC，BIC のような情報量規準やクロス・バリデーション（交叉検証）が用いられる（例えば Conway[2]）．前者を適応的ストッピングルールといい，後者を検証的ストッピングルールという．このように，大規模データの分析は，従来の仮説検証型の分析とは異なるデータ・ドリブンなアプローチを取るので，技術者には，まずこの概念を理解してもらうことが必要である．世間では，データに基づいた判断をデータ・ドリブンと総称し，古典的なSQC もその範疇に入れているケースも散見される．しかし，デンソーでは従来の SQC とは異なる概念として技術者に理解してもらっている．

23.2.2　次元の呪いがあること

　次に，高次元データを扱う際の留意点を取り上げる．
　デンソーでは，データサイエンス教育の導入部で受講者に次のような質問を

する．目の前にルービック・キューブ大（1 辺 6 cm）のデータ空間があるとする．この空間にはデータが 100 個詰まっている．データは各列とも 1 辺に ±2σ が収まるような多次元正規分布をとると仮定する．データ間のユークリッド距離の平均はどの程度であるか，という質問である．

まず，3 次元の場合を検討する．R を使ってモンテカルロ・シミュレーションすると，次のようになる．

x <-data.frame（matrix（rnorm（100×3, 0, 1.5），nrow = 100，ncol = 3））

d <-dist（x）

mean（d）

［1］3.465 876

データ間のユークリッド距離の平均は約 3.5 cm である．

次に，データ空間を 1 000 次元だと仮定する．

x <-data.frame（matrix（rnorm（100×1 000, 0, 1.5），nrow = 100，ncol = 1 000））

d <-dist（x）

mean（d）

［1］67.136 29

データ空間は 1 辺 6 cm であるのに対し，各データはそれを大幅に上回る約 67 cm もの距離を隔てて存在する．これをスパース性という．各観測データ間の特性値を補間することの困難さがうかがえる．

次の質問は，各データの原点からの距離を求めよ，というものである．前問で生成したデータを使って R で計算すると，次のようになる．

r <-diag（as.matrix（x）% * % t（as.matrix（x）））

plot（sqrt（r），ylim = c（0, 60））

mean（sqrt（r））

［1］47.459 13

プロットは省略するが，各データは原点からおおよそ 47 cm 離れた超球の

表面に集まっている．これを球面集中化という．多次元標準正規分布空間において，次元数をpとすると，データの原点からの（距離）^{2}はχ^2分布に従い，その平均はp，分散は$2p$となる．この（距離）^{2}を次元数pで割って基準化すると，第1自由度がp，第2自由度が∞のF分布となり，平均は1，分散は$2/p$となる（例えば宮川[3]）．また，この量は，pが十分大きいときは正規分布に近似できる．いま，$p=200$とすると，（距離）$^2/p$の標準偏差は0.1なので，原点から半径$\sqrt{0.7} \sim \sqrt{1.3}$の範囲内に99.7%のデータが集中する．次元数が増せば増すほど，球面集中化は深刻になり，元の多次元標準正規分布の期待値であるデータ空間の中心付近にはデータは全く存在しなくなる．一般的に100次元を超えると次元の呪いを心配すべきである．

例えば，自動車の自動運転アルゴリズムを作成するため，何百万というシーンを収集してティピカルな条件を設定したいと考える．しかし，そのデータ中には期待値（ティピカル）に相当するデータは存在しないので，学習することができない．また，工程内からランダムに抜き取った試験サンプルは，ある程度nを確保すれば平均的な評価になると考えられがちであるが，それは全くの妄想で，球面集中化によって常に集団の縁のサンプルしか得られていない．技術者には，このような次元の呪いも理解してもらっている．

23.3 技術者の期待

それでは，データに対峙する技術者にはどのような期待があるのだろうか．

最近のビッグデータ関連セミナーや書籍の案内には，イノベーションやビジネス創出といった扇動的ともとれる文言が目につく．しかし，技術者たちが実際に"手法"に期待しているものはイノベーションではない．図23.2は，デンソーの社内講演会にて，参加者の関心事についてアンケートをとった結果であるが，これを見れば分かるように技術者は要因解析とデータ可視化に強い関心がある．技術者にとってデータ利活用は，具体的な仕事や技術に関する解を満たす手段なのである．これは以前と全く変わらない．

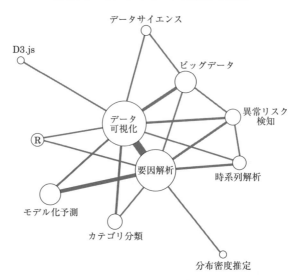

図 23.2 技術者の関心語の共起ネットワーク

23.4 技術者の期待に応える正則化回帰

　このような技術者の期待に応えるためには，外部セミナーなどで取り上げられるマーケティング向けの手法ではなく，まずは重回帰分析に代わる予測式の導出手法を普及することが必要である．それは正則化回帰の方法である．

　周知のように，変数の数 $p=1\,000$ に対して，データ数 $n=100$ のような状況（$p>n$）は，重回帰分析では解くことができない．このような高次元回帰分析の問題に対し，1996 年，スタンフォード大の R. Tibshirani が画期的な手法を提案した．それは，最小 2 乗法に L1 ノルムの罰則を課すことにより変数選択と同時に回帰係数を推定する手法，lasso（ラスー）である．L1 正則化回帰とも呼ばれる．今日，これは工学分野にも適用され，数多くの成果を上げている．

　デンソーでは，それを積極的に使いたいと考えたが，技術者が理解しているのは社内 SQC 教育で学び，また Excel などの表計算ソフトで近似線の推定式

23.4 技術者の期待に応える正則化回帰

が得られる重回帰分析までである．一方，正則化回帰を平易に解説するテキストは見当たらないばかりか，正則化とはスパース推定の方法であると，その目的を述べるばかりである．これでは，重回帰分析を使ってきた技術者が lasso へと踏み出せないのは当然である．

そこで，$X^T X$（X は回帰分析における計画行列，T は転置を表す）の逆行列がランク落ちによって求められないときの方策としての $X^T X + \lambda I$，すなわちリッジ回帰を紹介し，正則化とは行列の正則化であるとオーソドックスに理解してもらった．その上で，それがどのようなノルムを最小化しているのか，さらには罰則項が回帰係数ベクトル β に関する蟻地獄になっているという図を見せることによって lasso をすんなりと理解してもらった（図 23.3）．

図 23.3 の左の下凸の曲面は，$(y - X\beta)$ の 2 乗和を表す．つまり最小 2 乗法によって β が決まることを示す．lasso では，この曲面に右の"傾き λ を持った平面"を罰則として加える（第 16 章参照）．λ が大きいと蟻地獄に落ちるがごとく β は 0 になるが，λ を小さくして（緩めて）いくと，β は小さな値ながら値を持ち始める．λ が 0 になると，β は最小 2 乗解（OLS）と一致する．実際の解説では，λ の変化によって平面が動く動画になっている．

これに加えて，lasso が獲得してくる変数が，実は目的変数と偏相関が強い変数であること，$X^T X$ の行列式が 0 に近い状況でも確実に獲得してくることを見せて，lasso の活用促進を図っている．

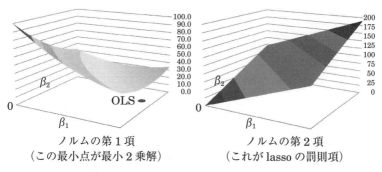

ノルムの第 1 項　　　　　　ノルムの第 2 項
（この最小点が最小 2 乗解）　（これが lasso の罰則項）

図 23.3 L1 正則化におけるノルム第 1 項と第 2 項（第 1 象限のみ）

23.5 正則化回帰 lasso による要因解析事例

この事例は社内教育で使用している lasso の演習課題で、"ゴミの山から砂金を探し出す"というプロセスを体験するものである。ゴミとは一見偶然誤差にしか見えないデータであり、砂金とはコスト改善・品質改善に有用な因子である。データは実際に工程内から採取されたものを元に、研修時間内に解析できるよう 10 次元 100 サンプル程度の大きさに縮小してある。10 次元の工程内計測値 $x_1 \sim x_{10}$ に対応して、2つの目的変数 y_1 と y_2 がある。これを仮に回転体の振動と騒音とし、製品改善のためこれらの原因を究明せよ、という課題となっている。もちろん、古典的な重回帰分析では説明できないように加工してある。事例データの一部を表 23.1 に示す。

表 23.1 事例データ(一部)

sample	x1	x2	x3	x4	x5	x6	x7	x8	x9	x10	y1	y2
s1	2.7	5.8	0.01983	-3.9204	0.03067	0.01207	0.01326	0.03067	0.07157	13.6	0.41	0.7
s2	3.9	4	0.02017	-3.9036	0.0336	0.01221	0.00849	0.0336	0.09989	14.18	1.07	0.421
s3	4.3	3	0.02236	-3.8006	0.05617	0.03704	0.02701	0.05617	0.11974	7.92	1.39	0.764
s4	5.6	5.6	0.02202	-3.8157	0.08899	0.05831	0.03462	0.08899	0.15833	5.35	1.39	0.389
s5	4.2	4.9	0.01698	-4.076	0.0204	0.00316	0.01586	0.0204	0.08252	10.53	1.06	0.531
s6	6.2	5.7	0.01584	-4.1452	0.01496	0.01803	0.02381	0.02381	0.03945	8.48	0.7	0.736
s7	5.9	8	0.02003	-3.9103	0.01521	0.02102	0.02962	0.02962	0.03456	11.15	0.85	0.622
s8	5.3	6.7	0.01361	-4.2973	0.01783	0.02062	0.02878	0.02878	0.02676	4.68	1.3	0.272
s9	5.6	6.8	0.01348	-4.3063	0.05629	0.02816	0.00429	0.05629	0.12394	5.56	1	0.646
s10	3.3	4.7	0.0211	-3.8587	0.06167	0.04672	0.02982	0.06167	0.10493	9.1	0.82	0.699
s11	4	4.2	0.02407	-3.7269	0.02793	0.03441	0.0338	0.03441	0.03892	8.15	0.84	0.527
s12	3.9	5.5	0.02209	-3.8128	0.04643	0.02253	0.01281	0.04643	0.12005	5.62	0.4	0.7
s13	3.3	4.7	0.02625	-3.6401	0.03142	0.02591	0.03084	0.04643	0.06798	4.48	1.16	0.755
s14	2.3	5.2	0.01898	-3.9644	0.05273	0.04357	0.03643	0.05273	0.07477	8.05	1.78	0.594
s15	4.6	6	0.02692	-3.6148	0.06629	0.04089	0.02951	0.06629	0.12857	12.38	1.73	0.311
s16	6.3	8.7	0.02455	-3.7069	0.05644	0.05174	0.04537	0.05644	0.05723	11.17	2.03	0.65
s17	3.9	8.7	0.02508	-3.6855	0.03095	0.03222	0.03132	0.03222	0.05385	9.14	1.73	0.6
s91	4.8	9.5					0.0347	0.0347				
s92	7.3	8.9	0.01682	-4.0855	0.04279	0.01906	0.01241	0.04279	0.1186	10.91	0.95	0.588
s93	3.7	5.7	0.0158	-4.1477	0.04345	0.04126	0.03864	0.04345	0.01484	9.53	0.76	0.628
s94	6.3	6	0.01613	-4.127	0.03872	0.03475	0.03304	0.03872	0.05442	5.25	0.79	0.551
s95	5.2	10.1	0.01783	-4.027	0.01	0.00645	0.01265	0.01265	0.03833	7.98	0.44	0.241
s96	4.4	8.4	0.01021	-4.5846	0.03951	0.02599	0.01419	0.03951	0.06916	18.88	2.72	1.022
s97	5.9	8.5	0.01166	-4.4514	0.06958	0.04501	0.02319	0.06958	0.12876	9.85	0.08	0.688
s98	6.1	8.3	0.01844	-3.9933	0.03663	0.03099	0.03447	0.03663	0.0221	8.35	0.27	0.339
s99	5	6.2	0.02041	-3.8918	0.05009	0.03829	0.02863	0.05009	0.07098	17.94	0.64	0.499
s100	4.9	6.1	0.01668	-4.0937	0.08503	0.06668	0.0519	0.08503	0.10069	20.88	0.14	0.461

23.5.1 重回帰分析

まず、データクリーニングを行って外れ値を除去した後、y_1, y_2 を目的変数として重回帰分析した結果を表 23.2 に示す。自由度 2 重調整済み寄与率はい

23.5 正則化回帰 lasso による要因解析事例

ずれも 0 であり，何ら説明がつかない．また，ここでは分からないが，実は説明変数間に強い線形制約があって，重回帰分析に適さない状況を作ってある．

その後，データの層別を行った．原因系の x は安定工程で製造されているため，ほぼ 1 群になっており層別できないが，y については 2 グループに分けることができた．それを層別①，②とする．

表 23.2 重回帰分析の結果

分散比が 1.5 以上の変数を選択しているが，
自由度 2 重調整済み寄与率は 0 である．

y_1 の重回帰分析結果

	目的変数名	残差平方和	重相関係数	寄与率R^2	R*^2
	y1	29.346	0.124	0.015	0.005
	R**^2	残差自由度	残差標準偏差		
	−0.005	95	0.556		

vNo	説明変数名	残差平方和	変化量	分散比	偏回帰係数
0	定数項	48.784	19.438	62.9234	0.955
2	x1	29.138	−0.208	0.6721	−
3	x2	29.326	−0.021	0.0666	−
4	x3	29.261	−0.086	0.2749	+
5	x4	29.209	−0.138	0.4438	+
6	x5	29.122	−0.224	0.7242	−
7	x6	29.210	−0.136	0.4391	−
8	x7	29.305	−0.042	0.1342	−
9	x8	29.034	−0.312	1.0109	−
10	x9	28.808	0.462	1.4944	1.776
11	x10	29.172	−0.175	0.5624	−

y_2 の重回帰分析結果

	目的変数名	残差平方和	重相関係数	寄与率R^2	R*^2
	y2	2.579	0.190	0.036	0.015
	R**^2	残差自由度	残差標準偏差		
	−0.005	94	0.166		

vNo	説明変数名	残差平方和	変化量	分散比	偏回帰係数
0	定数項	4.983	2.403	87.5999	0.718
2	x1	2.646	0.067	2.4256	−
3	x2	2.579	0.000	0.0080	−0.018
4	x3	2.568	−0.011	0.4119	−
5	x4	2.570	−0.009	0.3248	−
6	x5	2.551	−0.028	1.0131	−
7	x6	2.560	−0.020	0.7168	−
8	x7	2.561	−0.019	0.6772	−
9	x8	2.553	−0.027	0.9708	−
10	x9	2.579	0.000	0.0171	−
11	x10	2.635	0.056	2.0358	−0.008

23.5.2 lasso

次に，lasso を用いて，各層ごとに y_1, y_2 を回帰することを考える．既に 1 次項の線形重回帰では説明がつかないことが分かっているので，ここでは交互作用因子も加えて検討する（第 16 章参照）．交互作用項の数は $_{10}C_2 = 45$ なので，1 次項と併せて 55 項となる．ここで，層別②の標本数は 28 なので，因子数が過飽和となって重回帰分析は適用できない．しかし，lasso なら過飽和でも適用可能である．また，強い線形制約が存在していても回帰を行うことができる（例えば荒木[4]）．ここでの解析には，R のパッケージ lars を使用する．lars アルゴリズムの出力を図 23.4，図 23.5 に示す．

lars アルゴリズムの出力は，左側のグラフ（因子の獲得過程）と右側のグラフ（クロス・バリデーションの結果）をセットで吟味しなければならない．いずれも横軸は罰則の強さに相当し，右側に行くほど罰則が弱まる．因子獲得

のグラフではそれに伴って多くの因子が獲得されている.一方,前にも述べたように,クロス・バリデーションの結果はモデルの精緻さとともにいったんは予測誤差が小さくなるが,更に過学習になると予測誤差が大きくなっていく.そこで,予測誤差が最小となる点で因子獲得をストップしなければならない.図 23.4 では,クロス・バリデーションの結果は単調に増加しており,因子の影響はないと考えられるが,図 23.5 では,y_1 に数因子の影響があることが疑われる.

そこで,図 23.6 に,図 23.5 の y_1 の予測誤差最小箇所を拡大して示す.これにより,因子獲得数は 4 が最適であると分かった(別途数値でも確認でき

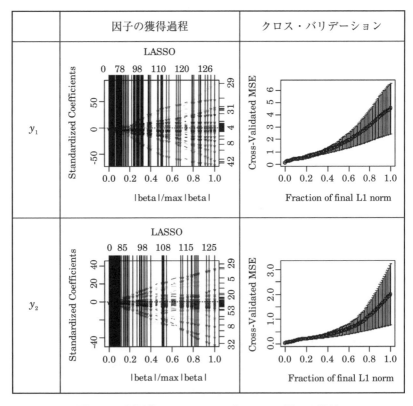

図 23.4　層別①について y_1, y_2 を lasso 回帰した結果

るが,詳細は省略する).

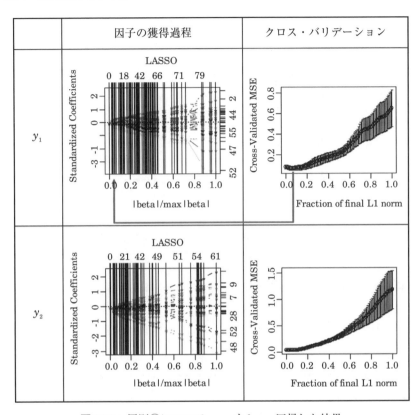

図 23.5 層別②について y_1, y_2 を lasso 回帰した結果

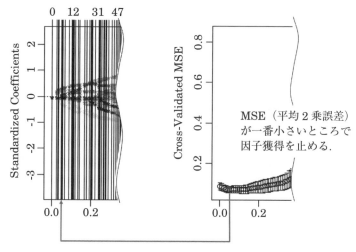

図 23.6 予測誤差最小箇所の拡大図

23.5.3 要因解析結果と技術者の SQC による対応

交互作用を含めて 4 因子 ($x_2, x_2 x_8, x_2 x_9, x_6 x_7$) の影響が疑われたので，これらから予測値を求めて重相関を確認する．その結果を図 23.7 に示す．重相関係数 $R ≒ 0.7$ である．もちろん説明変数の数を増やせば説明力は高まる．20 因子で説明した例を図 23.8 に示す．$R ≒ 0.9$ でよくフィットしている．しかし，これは過学習の状態である．

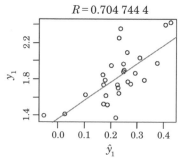

図 23.7 $p = 4$ の場合の重相関プロット

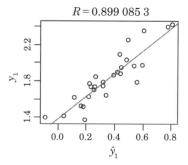

図 23.8 $p = 20$ の場合の重相関プロット

以上より，層別②の振動 y_1 については製造因子 $x_2, x_2 x_8, x_2 x_9, x_6 x_7$ の影響があることが判明した．

このように，古典論では歯が立たない一見ゴミのような収集データであっても，新しいデータサイエンスの力を借りることにより対策の糸口（砂金）を見つけることができた．

しかし，データサイエンスが活躍するのはここまでで，この後は技術者が対策を立案し，効果を検証していくことになる．ここで古典的な SQC が登場する．実際に，このデータを持ち込んだ技術者は，これらの交互作用の吟味から振動の原因は回転体の相対的な"こじり"運動であるとの仮説を得て，実験計画法によって対策を検討して問題解決に結び付けることができた．

23.6 ま　と　め

技術者が扱う最近の収集データは中規模（数百次元，数万サンプル）といえども，古典統計が立脚するモデルの前提の破綻が生じ，古典的な手法では解析が困難になってきている．一方で統計的機械学習手法が発展し，既に Matlab のようなパッケージソフトで利用できるようになってきている．SQC 推進者はこのようなパラダイムシフトが既に始まっていることを認識し，古典的 SQC 手法に拘泥せず柔軟にデータを読み解析支援していくことが必要とされる．

ところが，両者には根本的な違いがある．冒頭に述べたように，H を仮説（モデル），O を観測とすると，SQC では，仮説 H を観測 O で検証する（O｜H）という構造で論ずる．一方，データ・ドリブン分析では，観測 O に基づいてモデル H を構築する（H｜O）という立場である．近年着目されている機械学習やデータサイエンスのアプローチは後者である．SQC の限界から，技術者の行う要因解析・最適化も後者の手法で行われるようになってくると思われる．

だが，それを看過できない面もある．問題はこうして得られたモデル H は既存の観測 O の域を超えないという点である．技術者が描く未来はデータ・

ドリブンではない．データが予測する未来をブレークスルーするのがパイオニアたる技術者である．

本章で示したように，仮説検証の場面では仮説検証型のSQCが必要であり，今後も活用され続けるであろう．言い換えれば，そのような位置付けをより鮮明にしたSQCの推進が，SQC生き残りのために必要であると考えられる．

参考文献

[1] Sober, E.（2012）:『科学と証拠』，松王政浩訳，名古屋大学出版会．
[2] Conway, D. and White, J.M.（2012）:『入門機械学習』，萩原正人他訳，オイラリー・ジャパン，pp.176-186．
[3] 宮川雅巳（2000）:『品質を獲得する技術』，日科技連出版社．
[4] 荒木孝治（2013）:罰則付き回帰とデータ解析環境R,『オペレーションズ・リサーチ』，Vol.58, No.5, pp.17-22．

第24章 開発・設計技術者を支援する仕組み・体制——実践

24.1 実践支援とは

　良い研修を受講しその内容をしっかり理解しさえすれば，受講後に自分の業務にSQC手法をうまく活用できるかといえば，必ずしもそうとはいえない．研修で伝える内容は，時間の制約もあって必要最低限のこと，多くの受講生に共通することに限定される．しかし，受講生が担当する業務や遭遇する場面はさまざまであり，テキストに書いてある通り，講師が説明した通りにはいかないことがしばしばある．これを放置するとSQC活用をあきらめてしまい，せっかくの研修受講がむだになってしまう．これを防止するためには，実践支援の施策が必要となる．トヨタでは，職場内での支援とTQM推進部による支援の2本立てで実践支援をしている．

　職場内での支援とは，21.1.4項で述べた"SQC専門スタッフ"に相談しアドバイスを得ることである．SQC専門スタッフは，TQM推進部のスタッフと異なり相談者と同じ職場のため，技術的背景の説明を省略できることも多く，身近な存在のため気軽に相談できる．SQC専門スタッフも自業務で忙しい中このような相談にアドバイスを重ねていくことで，周囲の信頼も増し指導力も向上していく．

　TQM推進部による支援には，計画的なものとスポット的なものの2つがある．計画的なものとは，実践支援テーマを決めて年間を通じて定期的に支援していくものである．当該テーマは，職場の重要テーマであることが多く，方針にも掲げられている．そこで，毎年3～4月頃に各職場に打診し，各職場は支援が必要なテーマを登録して進める．支援は各テーマとも1～1.5か月に1回

の頻度で，職場単位で実施することが多い．あらかじめ日時を決め，TQM 推進部のスタッフがその職場を訪問して，順番に各テーマのアドバイスを実施する．なお，外部講師を招聘して実施するものは"指導会"と称してよいが，TQM 推進部のスタッフが支援する場合は，指導会とは言わずに"相談会"と称している．本相談会は，相談者と TQM 推進部スタッフの 1 対 1 ではなく，他の相談者や SQC 専門スタッフ，26.2 節で述べる SQC 世話人も出席して，相互に研鑽できるようにしている．

スポット的なものとは，技術者が SQC 活用で困ったときに随時相談できるものであり，相談専用の電話と相談メールを用意している．電話やメールのやりとりで済まない場合は，改めて日時を決め直接会ってアドバイスを実施する．相談内容は，SQC 手法の活用そのものに関することが多いが，その場合も解析の目的やどのようにして採取されたデータであるかなど，周辺状況も確認することが大切である．そうすると，相談者の質問にそのまま回答することが最適ではなく，もっと良い方法が別にあることに気づくこともある．計画的なものでもスポット的なものでも，相談者からデータを受け取り TQM 推進部のスタッフが解析をして，解析結果を相談者に提供するといったことはしていない．解析をするのはその業務の担当者本人であり，TQM 推進部のスタッフはごくまれなケースを除き，解析をサポート・支援することに徹している．

以上が実践支援の概要であるが，近年では根の深い，難易度の高い問題の解決に対する支援要望も寄せられるようになってきた．次節以降では，このような問題への関わりについて述べる．

24.2 開発設計の各組織に入り込んだ実践支援の必要性とその役割

開発設計業務に対し，SQC を始めとする品質管理各手法の日常活用を推進するため，研修などの学ぶ場を提供すること，また，実業務での効果的な活用のために実践支援することの必要性については既に述べた通りである．実践支

援の役割としては，それを通じ一人ひとりの手法活用力を向上させることに加え，各組織が抱える重要問題の解決に貢献していくことも含まれる．特に，製品の高機能化が進み，それに伴い各組織の責任範囲が細分化される昨今において，各組織単独では解決できない問題が増加する傾向にある．TQM 推進部では，このような問題の解決を促進すべく，各組織と緊密に連携しながら，自らも主体的に考え手を動かす支援活動（以下，本活動という）を展開している．

本活動においては，解決を困難にしている本質的な問題を正しく把握することや，解決策を仕事の仕組みとして恒久的に機能させること，すなわち次の未然防止につなげることが肝になる．当部ではこれらの実現のために必要な勘所を，実践支援の着眼点として体系化し活用している．

あわせて，本活動を通じて確立した問題解決方法は，一般化し当事者以外にも広めることで，同種の問題の未然防止に役立てることが重要であり，技術者一人ひとりがそのやり方を習得していく必要がある．

上記を踏まえ，24.3 節で基本的考え方を示した後，下記 2 点について整理し解説を加える．なお，以降の解説は，江口[1]の内容に加筆・修正したものである．

① 本活動をうまく進めるための方法（24.4 節～ 24.5 節）
② 多くの技術者が一人でできるようにする方法（24.6 節～ 24.8 節）

24.3 本活動推進の基本的考え方

本活動推進の枠組みを図 24.1 に示す．枠組み構築の根底にある考え方として，一つひとつの支援で得た推進上の知見を次に活かすこと，すなわち点で終わらせず線でつなげることが挙げられる．支援で直面する問題は，毎回具体内容は異なるものの，本質的にはいくつかのパターンに層別できる．よって，一度経験した支援方法については，推進上のポイントを整理（≒実践支援の標準

化）し，再利用できるよう残す必要がある．

　特に本活動は，その業務特性上，多くの部署に対し同時並行に実施することは容易ではない．つまり，本来対象とする全技術者数に対し，実際に関わりを持つことのできる割合は小さい．そのため，活動の成果物は，問題の種類に応じた解決方法の型として他の技術者へ展開していくことが有効である．

　普及のための中心的な手段として，TQM 推進部では，研修を実施している．つまり，研修で教えるべき内容は，実践の場で遭遇する困りごととその解決方法の型であり，研修の中にいかに現場感覚を織り込むかが重要といえる．

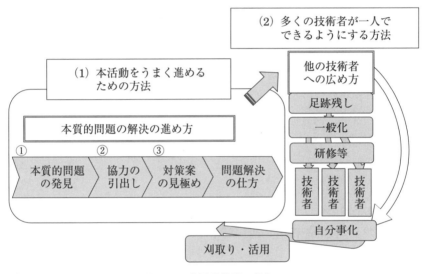

図 24.1 本活動推進の枠組み

24.4　本活動をうまく進めるための方法

　本章で定義する本質的な問題とは，相談者も気づいていないような潜在的な問題，もしくは真のニーズ，ともいうことができる．これらを顕在化させ，的確に解決に導くことで，相談者の期待を超える実践支援の実現を目指している．

　ステップとしては 3 つに大別される（図 24.1 ①〜③）．なお図中，"問題解

決の仕方"とは，取り組んだ問題に対する解決方法の型を指す．

図 24.2 は，各ステップに応じて体系化した着眼点の一覧であり，10 カ条を定めている．

① 本質的問題の発見

捉えるべき問題は表面的なものではなく，困りごとを発生させている真の問題とするべきである．それらを的確に顕在化させるために有効な着眼点である．

② 協力の引出し

顕在化させた本質的問題の解決を進める上では，相手部署の協力を得ることが不可欠である．相手部署に納得してもらい協力を引き出すための着眼点である．

③ 対策案の見極め

相手部署とともに問題解決を進め，最終的に対策案の良し悪しを見極めるための着眼点である．

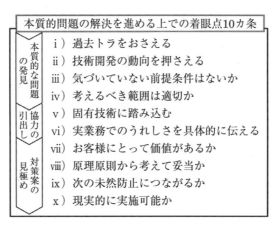

図 24.2 本質的な問題の解決を進める上での着眼点 10 カ条

24.4.1 本質的問題の発見

表面的な困りごとの背後にある本質的な問題を発見するための第一歩は，関係者への徹底的なヒアリングに尽きる．状況を知り，そこから仮説を立て，検証していく．ただし，このようなやり方の欠点は，支援する側の経験やスキルに大きく依存してしまう点にある．ある程度の経験を積んだ支援者を条件として，彼らのスキルによらず，的確に本質的な問題を顕在化させるため，着眼点の体系化を進めてきた．

その結果，整理された着眼点を図 24.3 に示す．本質的な問題を発見するためには，常に俯瞰的な視座を有することが不可欠である．俯瞰的とは，対象となる部署・製品など物理的な範囲のほか，過去・現在・未来などの時間的な範囲も含む．開発全体を俯瞰し捉えることで，より本質的な問題の発見につながる．

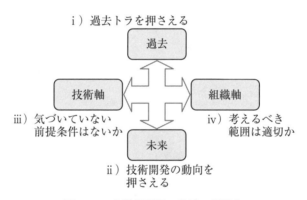

図 24.3 本質的問題の発見の着眼点

ⅰ）過去トラを押さえる

過去に起きたトラブルを事前に把握し真因を分析しておくことで，相談された困りごとの背後にある真因推定の精度が上がるとともに，提案する取組み内容に対しても，相手の合意が得やすくなる．

ⅱ）技術開発の動向を押さえる

困りごとは，過去に発生した問題に対する困りごとと，今後の開発を進める

上での困りごとの両面を把握する．これにより，技術開発の方向性に沿った，相手にとって納得感の高い提案につながる．

ⅲ）気づいていない前提条件はないか

特に長年同一システムや部品の設計を担当している設計者の場合，その人にとって当たり前すぎる前提条件については，疑問に思わなくなっていることもある．支援側は，困りごとの内容から，それらを読み取ることが重要である．

ⅳ）考えるべき範囲は適切か

例えば，ある部品が熱負荷に耐え切れず破壊したという場合，部品単独で考えれば耐熱性能向上の構造変更を実施することになる．しかし，仮に熱負荷条件そのものが，要求提示側から正しく伝わっておらず，試験条件の設定に間違いがあったという真因が分かった場合，上記構造変更は，当該機種では問題が起きなくとも，将来的に同種の問題を引き起こす危険性をはらんでいる．関連組織を含め，問題を分析していく．

〈ケーススタディ1〉

例として，"素子の寿命を予測したい"という相談を考える．それに対し，本質的問題発見の着眼点で整理した結果，図24.4が得られたとする．

本着眼点から整理することで，"素子の寿命を予測したい"という相談に対し，例えば"熱負荷の把握や要求機能間の背反割り付けができない"といった問題を設定し取り組むことになる．重要なことは，俯瞰的に見ることで，設定する

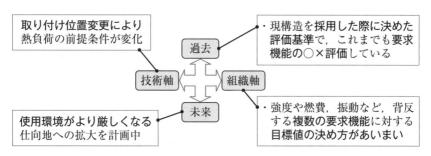

図24.4　本質的問題発見の着眼点　適用例

問題そのものが変わってくるという点にある．

24.4.2 相手部署からの協力の引出し

取り組むべき本質的な問題を顕在化できたとしても，相手部署の協力が得られなければ解決には至らない．協力を得るための絶対条件は信頼関係であり，

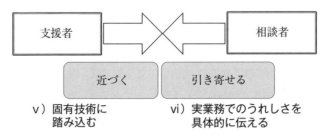

図 24.5　協力引出しの着眼点

その信頼関係を構築し，実践支援の合意形成を図る上で有効な視点を体系化したものが，協力引出しの着眼点（図 24.5）である．

ⅴ）固有技術に踏み込む

相手に近づくとは，専門技術を理解することを意味する．最低限，相手の言っている技術的内容が理解できるまで固有技術を理解する．

ⅵ）実業務でのうれしさを具体的に伝える

提案を有益で価値のある取り組みと理解してもらうためには，相手の言葉で分かりやすく伝える必要がある．可能な限り実際のデータを入手し，更に自らが手を動かし解析・考察し，具体的に提案することで，相手の理解も得やすくなる．

〈ケーススタディ 2〉

図 24.6 に示す例で，内蔵部品とパッケージ部品を組み付けた状態での振動耐久試験 NG が発生したと仮定する．先の本質的問題発見の着眼点で確認したところ，両部品の担当者間で評価時の前提条件の認識にずれがあった．この

事実に対し，"前提条件の認識をそろえる"という提案は，相手の期待水準通りである．

一方，相手の技術を知り，関連組織を知ることにより，より深い仮説構築につなげることが期待できる．例えば，前提条件の認識をそろえたとしても，自部品の小変更がそもそも他部品に影響しないと考えていた場合には，再評価有無の確認そのものが抜けてしまう可能性があると考える．つまり，本当に解決すべき問題は，"まさかそんなところに影響があると思っていなかった"という失敗を未然に防ぐことにあるのではないかと推測する．そのような状況が事実であったとするならば，提案する内容は，関係部品間の影響の見える化であり，これこそ期待を超える提案といえる．

本着眼点を一言でまとめると，相手のことをよく知った上で期待を超えるための方法である．期待を超えることで，より強固な信頼関係の構築につながる．

例：振動耐久試験NG　　**本質的問題発見の着眼点**

両部品の担当者間で，評価時の前提条件の認識が不一致

期待に応える提案

前提条件について認識をそろえる

期待を超えるには？

仮説　前提の認識をそろえても，そもそも"他部品に影響しない"と判断した場合には，<u>再評価の必要性確認そのものが抜けてしまう</u>

内蔵部品　　パッケージ　　通風スリット

図 24.6　協力引出しの着眼点　実施例

24.4.3　対策案の見極め

困りごとを発生させている問題を解決できたかが，その対策案の良し悪しを判断する基準になるが，加えてその実効性についても押さえておく．

また，支援者には，目の前の問題が解決したかに加え，その成果が以後の開発設計でも活用される状態になったか，つまり，次の未然防止に近づいたかを見極める必要がある（図 24.7）．以上を体系化したものが本着眼点である（図 24.8）．

vii）お客様にとって価値があるか

仮に，高速走行時の振動低減のため，最高速度を必要以上に制限するとした対策は，お客様の利便性に対し不利益をもたらす可能性がある．支援側として，常にお客様目線で対策を捉えておく．

viii）原理原則から考えて妥当か

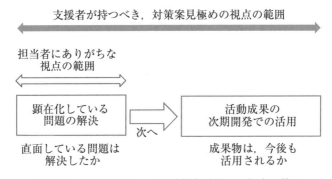

図 24.7　支援者が持つべき対策案見極めの視点の範囲

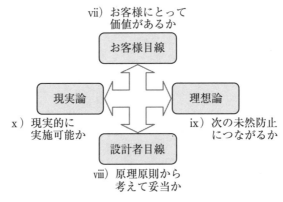

図 24.8　対策案見極めの着眼点

共振点を外すために構造を補強した際,重量物が振幅最大となる位置に取り付けられていないかなど,原理原則から考え妥当であるかを見極める.

ix）次の未然防止につながるか

対策や成果物が次の開発で活かされるか,すなわち未然防止に近づいたかを確認する.例えば,部署をまたいでつくり込む各要求性能の背反の取り扱いを課題と捉え,その見える化に取り組んだのであれば,次の開発においてもその成果物を活用し,あらかじめ背反を確認する仕事になっているか,などである.

x）現実的に実施可能か

開発フェーズを考慮した対策案の提案も支援者には求められる.例えば,量産直前のタイミングで基本構造を見直す対策は,時間的に実現不可能な場合もある.理想論としてやるべきことと,現実を踏まえできることを見極める力も必要となる.

24.5　関わり方の粗密を決定する視点

24.3節で述べたように,本活動を全技術者に対して実施していくことは時間的な制約から困難である.しかしながら,開発設計を取り巻く環境が日々変化する中,新たに発生する問題に対しては適切に実践支援していくことが求められる.つまり,支援組織としては,過去に経験したことのない困りごとや新

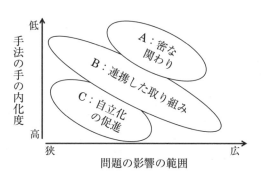

図 24.9　関わり方の粗密を決める視点

しい手法，もしくは既存手法の組合せ方を習得し，常に成長していく必要がある．

図24.9は，これらを踏まえた相手部署との関わり方を決定する際の視点である．

領域A 問題が広範囲に影響を与え，かつ改善に有効な手法も未確立な領域である．支援組織として主体的に関わることで，問題の解決に加え，新手法や既存手法の新たな組合せ方を獲得していく．

領域B 影響の範囲は広いが過去に経験のある問題で，適用手法もある程度確立できている，もしくは，影響範囲は狭いが，手法としては未確立の領域である．支援組織も問題解決に加わるが，領域Aのような密な関わりは持たない．

領域C 影響の範囲も狭く，かつ過去に何度も経験のある課題である．この領域に対しては，事例提供などを通じ，各組織の自立化を目指す．

24.6 多くの技術者が一人でできるようにする方法

実践支援から得られる成果は，①直面している問題が解決すること（実務担当者目線）と，②問題に対する解決方法を確立すること（支援者目線）の2点である．以降，②で確立した問題解決方法を他の技術者に広めていく際のポイントについて述べる．

筆者らが最終的に目指す姿は，開発設計に関わる一人ひとりの技術者が必要に応じて品質管理の各手法をうまく活用しながら製品品質や設計品質の向上につなげている状態にある．この目的の実現に向け実践支援が果たすべき役割を図24.10に示す．

実践支援で優先的に取り組むべき問題は，支援組織として解決方法が確立できていない問題である．そして，取り組みを通じ確立した問題解決方法や手法のアレンジ方法を，同種の問題を抱える多くの技術者に広めていくことが重要である．

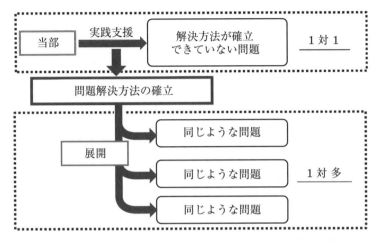

図 24.10　多くの技術者へ広めていくための実践支援の役割

24.7　他の技術者へ広める際の留意点

具体的な問題に対して取り組み，得られた問題解決方法を他の技術者に広める際，留意すべき点がある．それは，他の技術者に自分事として捉えてもらう点である（図 24.11）．例えば，AA システムを対象に取り組んだ実践支援から，問題とその解決方法の型を確立したとする．しかし，BB システムの担当者にとっては，対象システムが異なることにより，問題の本質は同一であっても別

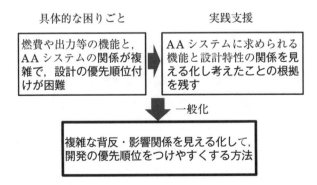

図 24.11　他の技術者へ広めていく際の留意点

物と捉えられる心配がある．

　より多くの技術者に自分のこととして捉えてもらうためのポイントは，事例の一般化（普遍化ともいう）である．一般化とは，具体事例に含まれる固有の単語や事象を，他の技術領域にも共通するよう翻訳することを指す．例えば，"燃費""出力"はAAシステム固有であったとしても，これを"複雑な背反・影響関係にある要求機能"とすれば，AAシステム以外にも関連する表現となる．

　しかし，上記のように一般化することで，対象とするシステムや技術領域が拡大する半面，その抽象度には注意が必要である．例えば，"あちらを立てればこちらが立たずとなっているものに対して，判断しやすくする方法"とまで抽象度を上げた場合，逆に自分事化を困難にしてしまう恐れがある．

　大切なことは，伝えたい相手が誰かであり，本活動の場合には，別の技術領域に属する技術者である．伝えたい相手に理解してもらうために適切な抽象度を見極め一般化することが大変重要である．

24.8　実践支援を通じて確立した手法活用方法や事例の蓄積

　実践支援を通じて確立した手法の活用方法や事例については，組織の知見として残し，次の支援や研修に活かすことが重要である．つまり，個別の実践支援を担当した支援者だけが暗黙知としてその知見を有するのではなく，別の支援担当者へも還元することで，組織としてのレベルアップにつなげる．知見の形式知化の例として当部の取り組みを紹介する（図24.12）．

　事例集（図24.13）　概要編，詳細編の2部構成で事例を整理．特に概要編については，一般化にこだわり他の専門領域の技術者にも伝わるよう，取り組みのエッセンスのみを記載している．

　手法体系図（図24.14）　開発設計業務のあるべき姿（図24.14 ①），あるべき姿実現に向けて直面する困りごと（図24.14 ②，図24.15），あるべき姿実現に役立つ手法（図24.14 ③，図24.16），困りごと－手法関係表（図24.14

24.8 手法活用方法や事例の蓄積

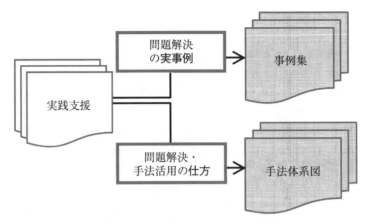

図 24.12 手法活用方法や事例の蓄積

図 24.13 事 例 集

第 24 章 支援する仕組み・体制——実践

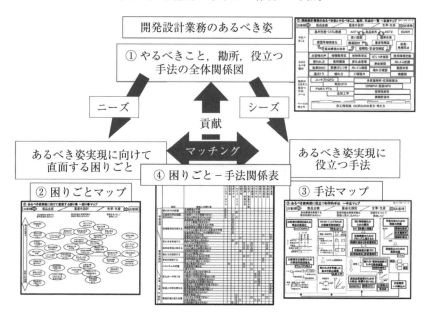

図 24.14 手法体系図

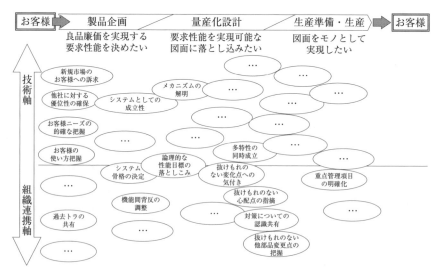

図 24.15 困りごとマップ（一部加工）

24.9 一般化した手法活用方法の具体化

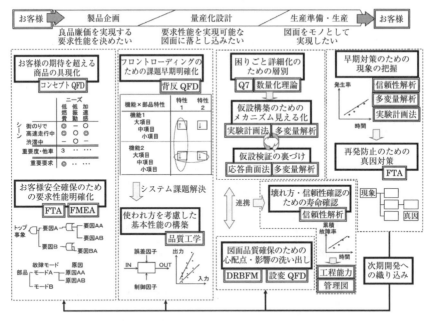

図 24.16 手法マップ（一部加工）

④）から構成される．体系図は，新たに把握した困りごとや手法を追記する棚であると同時に，困りごとを起点に手法を考えるという，実践支援の基本姿勢も表している．

24.9 一般化した手法活用方法の具体化

個別の問題解決事例や手法活用方法を他の技術者に広める際，それらの一般化が重要であることは既に述べた通りである．本節では，一般化された手法活用方法を，一人ひとりの技術者の業務内容に合わせ具体化するための取り組みとして，QFDを対象とした社内研修を紹介する．なおQFDについては，第7章でも触れたように，その骨格部分のみを二元表として抽出し，更に影響の大きさと方向を表現することで，設計検討時の背反課題の見える化に役立てている．そのため，本研修の名称も，"QFD研修"ではなく，"設計検討時の背反

課題見える化研修"などとしている．

図 24.17 に研修のカリキュラムを示す．実践支援の実例に基づき，実践上のポイントを織り込んでいる．例えば導入部分では，開発現場で実際に発生している困りごととその解決の考え方，更にその一部に対しては，具体的な解決策として QFD（二元表）が有効なことを伝え，受講生に手法を学ぶ必然性を理解させる．

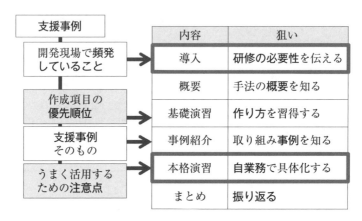

図 24.17 設計検討時の背反課題見える化研修カリキュラム

次に，最低限の手法知識と作成方法を習得する．その際，一般的に QFD 作成時に注意すべきといわれる項目に優先順位をつけ，より効果的で効率的な作成につなげる．さらに，実践支援事例そのものを事例紹介のコンテンツとして活用する．

そして，本研修で最も特徴的なパートが，"本格演習"である．本格演習では，受講生の担当業務そのものを演習の題材とし，一人ひとりの業務に対し二元表を作成し考察してもらう．これには，手法の活用イメージをより具体化させ，研修内容を自分事化してもらう狙いがある．

図 24.18 に示す本格演習シートのうち，A：担当業務の目的と自身の役割，B：開発を進める上での困りごと，については，事前に検討した上で研修に臨む．この事前課題は，研修を円滑に進行させることにとどまらず，研修を受け

24.9 一般化した手法活用方法の具体化

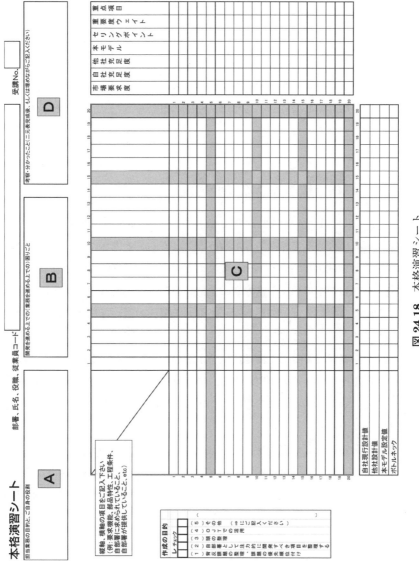

図 24.18 本格演習シート

るべき人が受ける，つまり研修の狙いと受講者のミスマッチをなくす効果もある．

本格演習では，実践支援の担当者も講師を務め，各受講生の相談に応じながら進める．その中では，例えばQFD作成時によくある"この項目は縦軸・横軸のどちらに書くべきか"や，"項目の網羅性や粒度感はどう考えるのか"といった質問に，受講生自身の業務を基に答える．本格演習で作成した二元表は，各受講生が職場に持ち帰りそのまま実業務に活用できるため，習った手法を実務で活かすことにもつながっている．

24.10 実践支援を行う際の心構え

TQM推進部では，多変量解析や実験計画法など，品質管理に関わる多くの手法を技術者に広め，実務活用してもらうことで品質の確保や商品力の向上につなげることを目指している．そして広める手段として実践支援や研修も含まれるが，それらの中では，手法の知識や使い方のみを教えるのではない．

特に本活動においては，問題の捉え方や問題解決の進め方など，仕事の仕方そのものに踏み込み，かつ主体的に自らも考え手を動かすことが重要である．その中では，経験・蓄積した問題解決や手法の活用方法を，別の困りごとにアレンジし応用をしていく力を問われる．つまり支援担当者には，品質管理各手法についての知識・活用方法の理解に加え，論理的な思考力も問われ，継続的な鍛錬が必要である．

各企業において自前の実践支援が困難な場合は，外部講師を招いた指導会を実施することから始めるとよい．社内推進の専任者が講師の指導状況を学び，少しずつ自分たちでできるようにしていく．また第8章で紹介した日本規格協会の"品質管理と標準化セミナー"など，テーマ指導を行っている研修を専任者自らが受講して，指導のありようを習得することも可能である．

研修・実践活用・発表会の3つを考えた場合，研修と発表会を計画・実施するのは主に社内推進の専任部署・専任者であるが，実践活用するのは一人ひ

とりの開発・設計技術者である．研修で必要な知識を習得した段階から実務へ活用する段階への移行は，最大のヤマ場である．筆者らの長年の経験によると，実践支援の仕組み・体制を整備することが最も難しく，統計的ものの見方・考え方を開発・設計職場に定着させる最大のポイントであると感じている．したがって，これから SQC 推進を開始しようとする場合は，研修・発表会だけでなく実践支援の計画を綿密に立案することが極めて重要である．

参 考 文 献

[1] 江口真（2014）：開発設計における本質課題を解決する支援活動，日本品質管理学会第 105 回研究発表会要旨集，pp.21-24.

291

第25章　研修受講と実務活用をつなぐ取り組み

　本章では，品質工学や応答曲面法（ロバスト最適化）といったロバスト設計法の研修受講後の実践活用状況を事実・データで分析することで，開発・設計技術者が的確なロバスト設計法を選択し，品質・技術力向上につなげていく方法について述べる．なお，ロバスト設計法には品質工学，応答曲面法以外にも各種存在するが，本章ではトヨタの研修にある，この2手法に絞り論じることにする．

25.1　ロバスト設計のための研修と実践活用

25.1.1　ロバスト設計のための研修
　SQC研修の体系は第21章で述べたが，ロバスト設計法の研修は業務特性によって受講する専門コースの"品質工学"と"応答曲面法"が該当する．前者は研究開発・設計段階でノイズに強いロバストな品質をつくり込む方法の研修，後者は固有技術を融合した少ない実験回数での多特性の同時最適化（ロバスト最適化を含む）の研修と受講生募集のための社内ホームページで説明している．受講する技術者は，これらの説明を頼りにいずれの研修を受講すればよいかを選択している．

25.1.2　実践活用状況の現状
　8.3節で研修受講後に実践活用する大切さを述べたが，実践活用の現場は各職場のため，その状況把握は必ずしも十分ではなかった．これはロバスト設計法の研修についても同様であったため，品質工学の研修を過去に受講した技術

者に,実践活用状況の調査を行った.その結果,活用していないという回答が多く寄せられた.その事実を示す例として,先行技術領域を中心に実施している品質工学テーマ活動が挙げられる.テーマ登録者はまず品質工学の研修を受講し,その後本格的なテーマ活動を実施するが,2011年度の活動状況を確認すると(図25.1),登録された36テーマのうち,実に9件も取り下げがあった.その理由は,品質工学が適さない,従来実験法や応答曲面法で済ませてしまったなどであった.つまり,登録の時点でミスマッチが発生していたことが分かった.これは,研修受講においても同様で,研修提供側はこのようなミスマッチを防ぎ,受講生に適したロバスト設計法の研修を提供する(受講生自ら選択するのが望ましい)仕組みづくりが必要であることを示している.

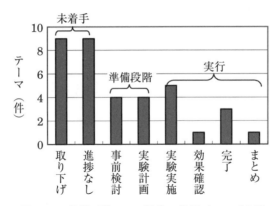

図 25.1 品質工学テーマ活動の状況(2011年度)

25.2 品質工学研修の工夫

翌年の品質工学研修では,表25.1の改善を織り込んだ.前述のようなミスマッチの防止に加え,受講生の実験環境,活用しにくい理由を調査し,ロバスト設計方法の使い分けにつながる情報を収集することが狙いであった.

Ⅰは先に述べた受講のミスマッチを防止する工夫であり,品質工学が適用しやすい領域に募集案内することである.

25.2 品質工学研修の工夫

表 25.1 2012 年度品質工学セミナーの工夫

	内　容	狙　い
I	品質工学の内容・適用しやすい領域・推奨される実験環境の説明リーフレットを受講生に案内	受講のミスマッチ防止
II	品質工学の実践活用が可能か研修中にアンケート調査	実験環境の把握 活用できない理由
III	受講後の活用状況をアンケート調査	活用しやすい領域や活用できない理由

IIは，品質工学の研修で静特性，動特性，標準 SN 比を受講した直後にアンケート調査することであり，主な質問項目は以下となる（一部を抜粋）．

・ノイズを与えることが可能か．

・シミュレーションでの実験は可能か．

・静特性 36 回の実験は可能か．

・動特性 108 回の実験は可能か．

・利得の差が再現しない場合，再度実験可能か．

・実験可能な回数．

・1 回当たりにかかる実験時間．

なお，質問の趣旨を一つひとつ受講生に説明して本音で回答するよう依頼した．これにより，通り一辺のアンケート回答とは異なり，今回の狙いである活用できない本当の理由などの情報が得られると考えた．

図 25.2 に回答結果の例を示す．質問は"動特性 108 回実験は可能か"である．動特性は実践活用する際の推奨手法であると講座で説明しているが，基本となる実験回数 108 回は"不可能"，"不可能だと思う"が合わせて 36％と高かった．その理由は実験回数が多い，納期，コスト，工数の制約，他部署との調整が必要とのことであった．

詳細は割愛するが，アンケート結果をまとめると，以下のことが確認できた．

・ノイズは取り上げられそう．

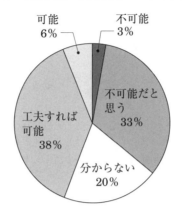

図 25.2 動特性 108 回実験は可能か

・特性値から機能への置き換えはできそう．
・交互作用の有無が技術的に不明多数．
・数多くの実験は困難．
・1 回の実験時間も推奨時間以上が多数．

　これらをまとめると，特に多くの実験が難しい環境の受講生が多いことが分かった．納期やコストなどさまざまな理由で少ない実験しかできない受講生には，最初から応答曲面法への受講を勧める（ただし，品質を確保するために，応答曲面法を使う前提である固有技術の蓄積が必要である）ことも必要であることを改めて確認した．

25.3　受講後の実践調査

　次に表 25.1 の Ⅲ である受講後，品質工学をどのように活用し，どのような成果が出たかの後追い調査について述べる．調査は 3 か月後に社内イントラネットを利用したアンケート調査で，前回同様，実態を把握したいので本音で回答するよう依頼した．図 25.3 に調査結果を示すが，実践活用率は 19％であった．これは他コースと比較すると低い数値となる（参考：基礎コース

67%,応答曲面法41%).次に活用しなかった理由を図25.4に示す.

"品質工学以外の実験で済ませた""実験回数が多くて適用できない""簡単に実験できる環境が整わない"が多く,品質工学の思想である基本機能を考えて実験を短時間で何回も実施する思想が実務上は難しいことを確認した.一方,活用した受講生には適用が難しいと思われていた生産準備領域での活用もあった.ワークの洗浄条件出しは短時間での実験が可能で,うまく品質工学を活用した例であった.

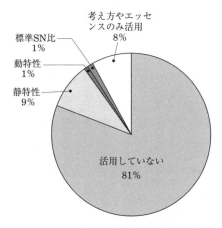

図25.3 品質工学活用状況(3か月後)

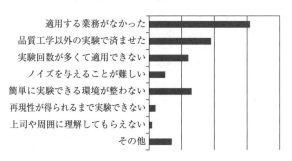

図25.4 活用しなかった理由

25.4 ロバスト設計法の選択ガイドライン

お客様のさまざまな使われ方や環境条件に対して，それらの影響を受けにくくするロバスト設計を実現することは重要である．しかし，これまで述べたように，品質工学を活用できる受講生もいれば，実験回数が障壁となり，活用できない受講生もいる．それらを踏まえ，受講生が置かれている立場，リソーセスに応じて的確なロバスト設計法を自ら選択するための使い分けガイドラインを作成した（図 25.5）．なお，冒頭に述べたが，あくまで品質工学と応答曲面法の 2 手法に限った場合のガイドラインであり，その他のロバスト設計手法は対象外としていることに注意してほしい．

ガイドラインの考え方としては，多くの実験回数が可能であれば，ロバスト設計法の王道として広く認められている品質工学を推奨し，それが困難であれば，応答曲面法を使用したロバスト設計法を推奨することとした．受講前にこのガイドラインを周知徹底することで，実務者が自らのリソーセスに応じたロバスト設計講座を受講し，実務で活用することを期待している．なお，応答曲

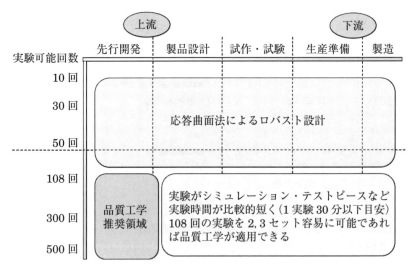

図 25.5 手法選択のガイドライン

面法の内容充実化も課題であり，ロバスト最適化以外にも誤差因子を加えて，第 22 章で述べたようなばらつきを対数変換した $\ln \sigma$ と感度（もしくは特性値の平均）との同時最適化も必要であると認識している．これらに関連する内容は渡邉[1]も参照されたい．今後，更にロバスト性を高める実践的な方法について研究していく．

25.5 まとめ

受講後の実態調査を通して，ロバスト設計法である "品質工学" と "応答曲面法" の使い分けについて述べた．受講者が置かれた立場，リソーセスに応じて手法を選択する "受講生目線" が大切であり，そのための手法選択のガイドラインを提案した．今後も，お客様に安全・安心をお届けするため，実務者が限られたリソーセスから的確なロバスト設計法を選択し，実践で活用することで，品質・技術力向上，更にはお客様に選ばれる魅力あるクルマづくりを目指していく．

参 考 文 献

[1] 渡邉克彦（2010）：幅広い実践活用を目指した応答曲面法セミナーの発展，JSQC 第 93 回研究発表会要旨集，pp.17-20．

第26章　開発・設計技術者を支援する仕組み・体制——発表会，推進体制

26.1　発　表　会

多くの技術者が研修を受講することで統計的ものの見方・考え方を身につけ，適宜実践支援を受けることで問題解決に統計的方法をうまく活用した取り組みとその成果が，社内の至るところに生まれる．推進者としては，これらの成果を研修の改善や開発・設計技術者のSQC活用促進などにうまく活用する必要がある．トヨタではその一手段としてSQC活用事例発表会を実施している．

発表会は，図26.1に示すように，部・部門・全社の3段階で年1回開催される．まず各部で部内発表会を行うが，各室から1～2事例，合計数件の事例が発表され，部代表を選出する．次の部門発表会では，各部から選出された事例が発表される．部門は，10～15の部で構成される．いずれの事例も各部の

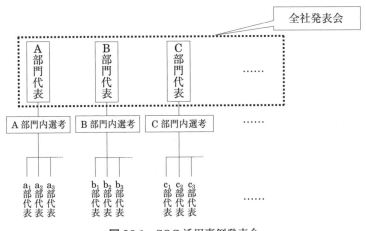

図26.1　SQC活用事例発表会

代表事例であるため，問題解決の進め方と統計的方法の活用の両面で参考となる点が多い．これらの事例の中から部門代表事例を選出している．最後の全社発表会は，各部門の代表事例を集めて開催される（現在は7件の事例を発表）．

これらの発表会は30年近く継続しているため各部署に定着し，発表の準備は大変であるが若手技術者の人材育成の場としても機能している．特に全社発表会で発表することは，大変名誉なことと捉える人も多い．なお，発表会ではパワーポイントを使用して発表を行うが，全社発表会では報文の作成もお願いしている．パワーポイントは発表を聴きながら見るのには適しているが，後でパワーポイントを見ても分からないこともある．一方，文章で記述された報文はパワーポイントでは省略・簡略化されてしまった部分にも言及していることが多い．貴重な取り組みを財産として伝承し，末永く活用していくためには，報文のほうがよい．

26.2 推進体制

開発・設計技術者が所属する各部では，研修・実践活用・発表会など自部署の1年間のSQC推進計画を立案する．研修においては，TQM推進部から展開されるSQCセミナーの年間開催計画に基づき，どのコースを誰が受講するかの受講計画を立案する．実践活用や発表会では，TQM推進部による実践支援が必要なテーマの登録，相談会や部内発表会などの計画を立案する．これらのことを的確に実施するために，トヨタではSQC推進組織を部ごとに整備している．

SQC推進組織の概要を図26.2に示すが，"SQC世話人" "SQC事務局" "SQCスタッフリーダ"の三役から構成される．

SQC世話人は，業務経験が豊富で職場に影響力のある管理職から人選され，自部署のSQC推進全体をとりまとめる．

SQC事務局は，SQC世話人とも相談して自部署の1年間のSQC推進計画を立案し，実行の中心的役割を果たすことと，SQC推進に関する情報の職場

26.2 推進体制

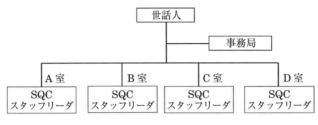

図 26.2　SQC 推進組織

内展開などを実施する.

　SQC スタッフリーダは各室 1 名で，原則として 21.1.4 項〜 21.1.5 項で述べた SQC セミナーの上級以上を修了した SQC 専門スタッフが担当する．そして職場内の技術者が日常の SQC 活用で困ったときに相談にのりアドバイスを行う．特に SQC 活用が活発な部署は，TQM 推進部の支援に頼らず部内の SQC 専門スタッフ数名が参加して自前のテーマ相談会を実施している．

　SQC 推進の質を継続的に高めていくために，年 2〜3 回は部門単位で SQC 世話人会議を開催している．年度初めの会議では 1 年間の SQC 推進全体の振り返り・反省を行うとともに，新年度の SQC 推進計画案を TQM 推進部から提示する．TQM 推進部の取り組みに対して世話人から出された意見・要望は，全体討議を経て必要なものは推進計画に織り込んで対応している．ただし，SQC 世話人会議は，時間の制約もあって世話人一人ひとりが何を考えているか，どう思っているかまではなかなか確認できないこともある．そこで SQC 世話人会議とは別に，都度個別ヒヤリングをすることも有効である．電話やメールではなく 30 分でよいので世話人を訪問して，想いを自由に語ってもらうことで全体会議では分からなかった新たな気づきを得ることも少なくない．ヒヤリングでは，不平・不満も含めて耳の痛い話も謙虚に聴くことが大切である．お互いが納得のいくより良い SQC 推進をしていくためには，各部の SQC 世話人と良好な関係を築く必要があることは言うまでもない．

　職場ごとの推進組織を整備する際には，各役割を担った人がやるべきことを明文化しておくとよい．また多くの部署で，異動によって担当者が入れ替わる

ことも想定して，それぞれの申し送りに頼るだけでなく新任者説明会を実施することも有効である．

なお，関連事項については，牧・小杉[1]も参照されたい．

参考文献

[1] 牧喜代司・小杉敬彦（2009）：トヨタ自動車におけるSQC実践活用拡大への取り組み，『品質』，Vol.39, pp.25-31.

索　引

【A‐Z】

D‐最適計画　　140,151,250
DRBFM　　27,36
DSM　　93
elastic net　　196
ISO/TS16949　　223
lasso　　195,260
MTシステム　　229
MT法　　229
MTA法　　231
QC的問題解決　　109
QFD　　82
RT法　　231
SQC推進組織　　300
SQCセミナー体系　　240
SQC専門スタッフ　　243
T法　　232
Ta法　　234
Tb法　　234
TLSC　　82

【あ　行】

安全係数　　115
安全率　　115
一般化　　271
イベント・ドリブン　　255
因果ダイアグラム　　181
応答曲面解析　　151,248

応答曲面法　　139,149,247,291
オーバーフィッティング　　174
お客様の損失　　223

【か　行】

開発プロセス　　26
外部監査　　223
外部失敗コスト　　223
過学習　　256
過去トラ　　42,274
過剰適合　　174
カスタマーサービス　　64
かたより度　　208
過適合　　194
過飽和計画　　201
環境的な変化点　　38
間接効果　　185
機械能力指数　　213
幾何特性　　220
擬似効果　　185
技術情報　　217
基準強度　　115
機能・特性二元表　　84
球面集中化　　259
共変量　　185
許容応力　　115
寄与率　　171
クロスバリデーション　　197,257
計画の拡張　　140

研修　239
交互作用　124, 139
高次元データ　256
工程能力　218, 224
　　――指数　207, 224
　　――の満足度　219
工程変動指数　212
個々の値の予測区間　105
故障確率　119
故障モード　36
混合系直交表　123

【さ 行】

再現性　123
　　――確認　140
最小2乗法　192
再利用性　51
自工程完結　82
自責　55
実験計画法　247
実践支援　270
自由度調整済寄与率　171
事例集　282
社外損失金額　223
社内損失金額　223
重回帰分析　167
主効果　124
手法体系図　282
上位の包括的な概念　43
乗法効果　128
情報量規準　257
信頼区間　210
信頼度　117

水準ずらし　125
ステップワイズ法　187
ストレス　51
ストレングス　51
スパース性　258
製造品質　65
製造要件　59
正則化　261
　　――回帰　260
設計遵守事項　47
設計的な変化点　38
設計品質　65
説明変数　167
先行開発　26
相関係数　174
総合効果　185
損失関数　223

【た 行】

大規模データ　256
対数変換　125
代用特性値　161
他責　55
多重構造　51
単位空間　229
逐次変数選択　170
中心複合計画　152, 248
チューニングパラメータ　194
直接効果　184
直交表実験　149, 247
使われ方　39
データサイエンス　255
データ・ドリブン　256

305

テーマ活動　242
デザインレビュー　36
統計的な安全率　116
同時最適化　151,248

【な　行】

二項分布　107
二律背反　67
望ましさ関数　151

【は　行】

背反　80
発表会　229
パラメータ設計　123,139
汎化誤差　257
汎化能力　257
判断基準　93
判別分析　162
標本機械能力指数　213
標本工程能力指数　210
品質管理検定　111
品質工学　123,139,291
品質コスト　223
頻度論　255
プラケット・バーマン計画　151,202
ブランド　64
偏回帰係数　168,182
変化点　15,35
　──管理　35

変更点　15,38
変数選択　168,193
変数増減法　168
母機械能力指数　213
母工程能力指数　207
母集団の特性の分布　105
保証情報　217

【ま　行】

マハラノビスの距離　229
丸めの誤差　129
満足度関数　151
未然防止　35
メカニズム　50
メンテナンス費用　67
目的変数　167
目標値を考慮した工程能力指数　227

【や　行】

ユーザビリティ　52
要因解析　179
要因配置実験　149,247
要素技術　48

【ら　行】

リッジ回帰　194,261
良品条件　93
ロバスト最適化　291
ロバスト設計　291

開発・設計に必要な統計的品質管理
—— トヨタグループの実践事例を中心に

定価：本体 3,800 円（税別）

2015 年 11 月 30 日　第 1 版第 1 刷発行
2019 年 4 月 12 日　　　　第 3 刷発行

編　　者　一般社団法人 日本品質管理学会中部支部
　　　　　産学連携研究会
発 行 者　揖斐　敏夫
発 行 所　一般財団法人 日本規格協会
　　　　　〒108-0073　東京都港区三田 3 丁目 13-12 三田 MT ビル
　　　　　　https://www.jsa.or.jp/
　　　　　　振替　00160-2-195146
製　　作　日本規格協会ソリューションズ株式会社
印 刷 所　株式会社平文社

ⒸYasushi Nagata, et al., 2015　　　　　　Printed in Japan
ISBN978-4-542-50271-0

● 当会発行図書，海外規格のお求めは，下記をご利用ください．
　　JSA Webdesk（オンライン注文）：https://webdesk.jsa.or.jp/
　　通信販売：電話 (03)4231-8550　FAX (03)4231-8665
　　書店販売：電話 (03)4231-8553　FAX (03)4231-8667

╭─ 図 書 の ご 案 内 ─╮

開発・設計における
"Qの確保"
より高いモノづくり品質をめざして

（社）日本品質管理学会中部支部　産学連携研究会　編
A5判・256ページ　　　定価：本体 2,400 円（税別）

【主要目次】

第1章　先人たちの品質へのこだわり
　1.1　現地現物
　1.2　品質は工程でつくり込む
　1.3　価格はお客様が決める
　1.4　モノづくりはヒトづくり

第2章　最近のモノづくりで何が起こっているか
　2.1　最近多発している重大事故，失敗，問題による信頼の崩壊
　2.2　日本のモノづくり品質における優位性の低下
　2.3　開発・設計現場で発生している問題の真因は何か
　2.4　経済危機の中で"Qの確保"の解を見いだせるか

第3章　モノづくりにおける"Qの確保"
　3.1　"Qの確保"の重要性
　3.2　"Qの確保"のルーツートヨタ生産方式（TPS）
　3.3　"Qの確保"はそれぞれの工程で品質をつくり込む自工程完結

第4章　"Qの確保"のための問題発見と問題解決（未然防止）
　4.1　見えていない問題を発見して解決する未然防止
　4.2　これまでの問題解決手法で見えていない問題に手を打てるか
　4.3　問題発見に着目した実践的問題解決手法の提案

第5章　"Qの確保"へのアプローチ
　　　　―プロセスマネジメントと問題解決
　5.1　プロセスマネジメントからのアプローチ
　5.2　問題解決からのアプローチ

第6章　プロセスを見える化するプロセスマネジメントの実践方法
　6.1　マネジメントの基本は"プロセスの見える化"
　6.2　プロセスマネジメントの実践手法と事例

第7章　開発・設計における技術力アップのための問題解決の実践方法
　7.1　品質工学とSQCとの融合に向けて
　7.2　基本機能を導くための機能展開
　7.3　品質工学の効果的活用のポイント
　7.4　適合設計の方法論
　7.5　シミュレーション実験における品質工学とシャイニンメソッドの活用
　7.6　設計・製造におけるばらつきとは
　7.7　品質工学とSQCの推進体制
　7.8　パラメータ設計における留意点

第8章　"Qの確保"を支えるデザインレビューとデータベース
　8.1　デザインレビューのシステム
　8.2　データベースと情報抽出，問題発見について

第9章　"Qの確保"の源泉
　　　　―現場力と職場力
　9.1　現場力と職場力の重要性
　9.2　現場力と職場力の発揮による問題解決事例

第10章　まとめと今後の課題
　10.1　"Qの確保"のための産学連携研究会
　10.2　"Qの確保"のためのテーママップ
　10.3　"Qの確保"のための今後の課題

日本規格協会　　　　https://webdesk.jsa.or.jp/